Software in 30 Tagen

Ken Schwaber · Jeff Sutherland

Software in 30 Tagen

Wie Manager mit Scrum Wettbewerbsvorteile für ihr Unternehmen schaffen

Aus dem Amerikanischen von Stefan Roock

 dpunkt.verlag

Lektorat: Christa Preisendanz
Übersetzung: Stefan Rook, Geesthacht
Copy-Editing: Ursula Zimpfer, Herrenberg
Herstellung: Birgit Bäuerlein
Umschlaggestaltung: Helmut Kraus, www.exclam.de
Druck und Bindung: M.P. Media-Print Informationstechnologie GmbH, 33100 Paderborn

Bibliografische Information der Deutschen Nationalbibliothek
Die Deutsche Nationalbibliothek verzeichnet diese Publikation in der Deutschen Nationalbibliografie;
detaillierte bibliografische Daten sind im Internet über http://dnb.d-nb.de abrufbar.

ISBN 978-3-86490-074-7

Aus dem Amerikanischen von Stefan Roock
1. Auflage 2014
Translation copyright für die deutschsprachige Ausgabe © 2014 dpunkt.verlag GmbH
Wieblinger Weg 17 · 69123 Heidelberg

Copyright der amerikanischen Originalausgabe © 2012 by Ken Schwaber and Jeff Sutherland.
Title of American original: Software in 30 days: How Agile Managers Beat the Odds, Delight Their
Customers, and Leave Competitors in the Dust
Published by John Wiley & Sons, Inc., Hoboken, New Jersey.
ISBN 978-1-118-20666-9 (pbk.)

5 4 3 2 1 0

Gewidmet
Ikujiro Nonaka, Babatunde A. Ogunnaike und Hirotaka Takeuchi
für ihre Inspiration und Beratung.

Inhaltsübersicht

Inhaltsverzeichnis

Über diese Übersetzung

Stefan Roock hat das vorliegende Buch mit dem Originaltitel »Software in 30 Days« ins Deutsche übertragen. Stefan ist selbst langjähriger Praktiker in Scrum. Er setzte ab 1999 agile Ansätze als Entwickler ein und arbeitete in der Folge als Scrum Master, Product Owner, Coach und Trainer für Scrum. Heute unterstützt er als Berater Unternehmen dabei, flexiblere agile Strukturen für sich zu finden und innovativere Produkte mit Scrum zu entwickeln.

Stefan spricht regelmäßig auf nationalen und internationalen Konferenzen zu agilen Themen, schreibt Zeitschriftenartikel und veröffentlicht Bücher.

Er arbeitet als eines der Gründungsmitglieder bei der it-agile GmbH. it-agile ist führend bei agiler Produktentwicklung im deutschsprachigen Raum. Neben Coaching und Training zählen komplette Unternehmenstransformationen sowie agile Entwicklungsteams zum it-agile-Angebotsportfolio.

Anmerkungen des Übersetzers

Bei der Übersetzung habe ich versucht, den Originalwortlaut möglichst exakt wiederzugeben sowie einen verständlichen Text zu schreiben, der sich gut lesen lässt. Wenn sich diese Anforderungen nicht in Einklang bringen ließen, habe ich mich für die Lesbarkeit entschieden und Abstriche bei der wortgenauen Übersetzung gemacht – natürlich ohne den Sinn zu entstellen.

Ich habe die englischen Scrum-Begriffe beibehalten, die Eingang in den Sprachgebrauch der deutschsprachigen Scrum-Community gefunden haben. Das betrifft vor allem die Bezeichnungen der Scrum-Rollen, -Artefakte und -Ereignisse. Ich glaube, diese wenigen Begriffe ins Deutsche zu übertragen, würde letztlich mehr Verwirrung als Nutzen stiften.

Über die Autoren

Jeff Sutherland und Ken Schwaber sind die Erfinder von Scrum, einem Entwicklungsprozess für Software, der Softwarefunktionalität in 30-Tage-Inkrementen liefert. Scrum wurde geboren, als Jeff und Ken auf der OOPSLA-Konferenz im August 1995 in Austin, Texas einen Artikel zu Scrum präsentierten. Dieser Artikel »Scrum Development Process« war ein Ergebnis ihrer Zusammenarbeit bis zu diesem Zeitpunkt. Die Arbeiten von H. Takeuchi und I. Nonaka zur schlanken Wissenserzeugung (lean knowledge creation), Bottom-up-Intelligenz und Teamarbeit haben Jeff nachhaltig beeinflusst. Babatunde Ogunnaike hat mit seiner Arbeit über industrielle Prozesskontrolle sowie die Anwendung der Komplexitätstheorie und Empirie auf Softwareentwicklung Ken stark beeinflusst.

Jeff und Ken sind nicht nur die Erfinder von Scrum, sondern haben auch Scrum gepflegt. Unter ihrer Führung hat sich Scrum über die Zeit weiterentwickelt; zuletzt haben sie Mechanismen entwickelt, um die systematische Weiterentwicklung von Scrum zu beschleunigen, basierend auf der Erfahrung und den Eingaben der Scrum-Community. Mit dem Scrum Guide (siehe Anhang B dieses Buches) liefern Jeff und Ken eine komplette Scrum-Definition.

Dr. Jeff Sutherland ist Geschäftsführer (CEO) von Scrum Inc. in Cambridge, Massachusetts. Scrum Inc. bietet Training, Führung und Coaching für Unternehmen auf der ganzen Welt an. Jeff ist ausgezeichneter Absolvent der United States Military Academy und ein Top Gun seiner USAF RF-4C Aircraft Commander Class. Jeff hat Abschlüsse der Standford University und einen Doktortitel der Universität Colorado School of Medicine. Er fungiert als Senior-Berater für OpenView Venture Partners und hilft ihnen, Scrum und agile Praktiken in allen Unternehmen ihres Portfolios zu implementieren. Jeff hat Scrum über die Jahre in vielen Software- und IT-Unternehmen erweitert und verbessert.

Ken Schwaber ist ein professioneller Softwareentwickler, der die letzten 40 Jahre seines Lebens als Entwickler, Analyst, Berater, Produktmanager und Geschäftsführer verbracht hat. Zu Beginn seiner beruflichen Laufbahn hat er erfolglos versucht, Wasserfallprojekte zum Erfolg zu führen; später entwickelte er eine Alternative zum Wasserfall. Ken hat die letzten 20 Jahren damit verbracht, Scrum weiterzuentwickeln und Unternehmen dabei zu helfen, Vorteile mit Scrum zu erreichen. Ken ist einer der ursprünglichen Unterzeichner des Agilen Manifests sowie (Mit-)Gründer der Agile Alliance und der Scrum Alliance. Im Moment arbeitet er daran, mit Scrum.org die Softwareentwicklung zu verbessern. Ken und seine Frau Christina leben in der Boston-Region. Er ist Absolvent der United States Merchant Marine Academy und hat weitere Abschlüsse der Computerwissenschaften der University of Chicago und in Betriebswirtschaften der University of California an der Los Angeles Anderson School of Management.

Danksagungen

Dieses Buch wäre nicht das, was es ist, ohne das exzellente sprachliche Lektorat von Arlette Ballew, der übergreifenden Hilfestellung durch Richard Narramore und der lasergleichen Fokussierung von Carey Armstrong.

Einleitung

Wir, Jeff und Ken, haben zusammengerechnet 70 Jahre Erfahrung in der Softwareindustrie. Wir haben als Softwareentwickler und Manager in IT-Organisationen
(Produkthäuser und auch Dienstleister) gearbeitet. Vor mehr als 20 Jahren haben
wir einen Prozess entwickelt, der Unternehmen erlaubt, Software besser zu liefern. Seitdem haben wir Hunderten von Unternehmen dabei geholfen, genau das
zu tun: Software besser liefern. Die Ergebnisse unserer Arbeit haben sich weiter
ausgebreitet, als wir es jemals für möglich gehalten hatten. Sie wurden von Milli-
onen Menschen verwendet. Wir sind beeindruckt von der Tragweite dessen, was
die Menschen mit unserem Prozess erreicht haben.

Dies ist nicht das erste Buch, das wir über Softwareentwicklung geschrieben
haben. Es ist allerdings das erste Buch, das wir für Menschen geschrieben haben,
die nicht selbst Software entwickeln. Stattdessen richtet sich dieses Buch an Führungskräfte in Unternehmen, deren Überleben und Wettbewerbsfähigkeit von
Software abhängt und die die Vorteile aus schneller, inkrementeller Softwareentwicklung mit dem bestmöglichen Ertrag (ROI, Return on Investment) ziehen
wollen. Es wendet sich an Führungskräfte, die mit geschäftlicher und technologi-
scher Komplexität konfrontiert sind, die die Entwicklung und Lieferung von
Software schwierig machen. Wir haben dieses Buch geschrieben, damit diese Führungskräfte ihren Unternehmen helfen können, ihre Ziele zu erreichen, sich kontinuierlich zu verbessern, ihre Produktivität zu steigern usw.

Dieses Buch richtet sich an Geschäftsführer (CEOs), Vorstände und andere
Topmanager, die von ihrem Unternehmen wollen, dass es bessere Software in
kürzerer Zeit entwickelt – zu geringeren Kosten, mit besserer Vorhersagbarkeit
und mit geringerem Risiko. Dieser Leserschaft möchten wir mitteilen: Sie haben
möglicherweise negative Erfahrungen mit Softwareentwicklung in der Vergangenheit gemacht, aber die Softwareindustrie hat sich gewandelt. Die Softwareentwicklung hat ihre Methoden und Ergebnisse radikal verbessert. Die Ungewiss-
heit, das Risiko und die Verschwendung, die Sie gewohnt sind, sind inzwischen

vermeidbar. Wir haben mit vielen Softwareorganisationen gearbeitet, die sich bereits gewandelt haben. Wir möchten Ihnen helfen, es diesen Organisationen gleichzutun.

In diesem Buch zeigen wir Ihnen, wie man Geschäftswert erzeugt durch einen Prozess, der vollständige Softwarefunktionalitäten mindestens alle 30 Tage liefert. Dieses Buch zeigt Ihnen, wie Sie Funktionalität priorisieren können und wie Sie diese Funktionalität à la carte geliefert bekommen. Es zeigt Ihnen, wie Sie nicht nur Transparenz über den Geschäftswert erlangen – indem Sie gelieferte Funktionalität mit gewünschter Funktionalität abgleichen –, sondern auch über die Güte des Softwareentwicklungsprozesses wie auch Ihrer Organisation als Ganzes. Die in diesem Buch beschriebenen Werkzeuge werden Ihnen helfen, mit und an Ihrem Unternehmen zu arbeiten, mit modernen Praktiken schneller zu werden und so endlich die Ergebnisse zu erbringen, die Sie seit so langer Zeit erwarten.

Das bedeutet »Software in 30 Tagen«.

Teil I

**Warum jedes Unternehmen der Welt in
30 Tagen Software herstellen kann**

Wir wenden uns an jede Führungskraft, die bessere Softwareprodukte mit höherer Qualität und größerer Vorhersagbarkeit entwickeln möchte. Die Softwareindustrie befindet sich im Wandel und erfährt dramatische Verbesserungen. Die Unsicherheit, das Risiko und die Verschwendung, die Sie gewohnt sind, sind nicht länger notwendig. Wir haben Daten aus 20 Jahren gesammelt, in denen wir mit vielen Unternehmen gearbeitet haben, die die Kehrtwende geschafft haben. Wir möchten, dass Sie das auch tun. Wir möchten, dass Sie die Fähigkeit aufbauen, werthaltige hochqualitative Software zu entwickeln – vorhersagbar und mit kontrollierbarem Risiko.

Wir richten uns aus zwei Gründen an Sie. Zunächst wurden Sie 40 Jahre lang von der Softwareindustrie schlecht bedient – nicht absichtlich, aber doch beständig. Wir wollen, dass Sie die partnerschaftliche Zusammenarbeit wieder herstellen. Außerdem steht Software heute nicht mehr im Hintergrund. Software findet sich überall, in immer mehr kritischen Bereichen unserer Gesellschaft. Wir möchten, dass Sie befähigt werden, Software zu entwickeln, auf die wir alle uns verlassen können.

Wir hoffen, dass dieses Buch bei der Erreichung dieser Ziele hilft. Unabhängig davon sollten Sie nicht resignieren. Sie müssen nicht länger die desaströsen Ergebnisse der Vergangenheit akzeptieren. Gehen Sie einen Schritt weiter.

In diesem ersten Teil des Buches untersuchen wir, warum Softwareentwicklung so schlecht funktioniert hat. Wir zeigen, wie sich die Softwareentwicklung verbessert hat, und beschreiben die beiden Erkenntnisse, die das ermöglicht haben. Danach erfahren Sie, wie Sie unseren Ansatz pilotieren und zu seinem Erfolg beitragen können. Teil II zeigt die Schritte, mit denen Sie mit unserem neuen Ansatz erfolgreich sein können – wenn der Pilot Sie überzeugt hat.

1 Die Softwarekrise: Die falschen Prozesse erzeugen die falschen Ergebnisse

Ihre Organisation – egal, ob kommerzielles Unternehmen, Behörde oder Non-Profit-Organisation – muss wahrscheinlich durch die Entwicklung, Anpassung und den Einsatz von Software Wert schaffen. Ohne Software ist Ihre Fähigkeit zur Zielerreichung als Führungskraft eingeschränkt. Mitunter können Sie Ihre Ziele ohne Software sogar überhaupt nicht erreichen. Und trotzdem ist Softwareentwicklung historisch betrachtet eine unzuverlässige, teure und fehleranfällige Angelegenheit[1]. Das bringt Sie in eine schwierige Lage: Sie brauchen Software, aber Sie können nicht bekommen, was Sie benötigen, wann Sie es benötigen und schon gar nicht zu akzeptablen Kosten sowie in einer Qualität, die das Ergebnis benutzbar macht.

Der CHAOS-Report 2010 der Standish Group zeigt, dass mehr als die Hälfte der zwischen 2002 und 2010 durchgeführten Projekte teilweise oder komplette Fehlschläge waren. Nur 37 % der Projekte wurden als erfolgreich angesehen (siehe Abb. 1–1). Die Standish Group definiert Projekterfolg bescheiden als Lieferung der gewünschten Funktionalität zum erwarteten Datum zu den geplanten Kosten. Die Möglichkeit, auf Änderungen zu reagieren und die Risiken zu kontrollieren, sowie die Wertschöpfung der Software wurden nicht untersucht.

Die Chancen, dass ein Softwareprojekt erfolgreich ist, stehen also nicht gut. Wenn Sie versuchen, ein kritisches Ziel zu erreichen, das Softwareentwicklung erfordert, sind Sie wahrscheinlich beunruhigt. Die Softwareindustrie macht Ihnen das Leben schwer durch Langsamkeit, Kostspieligkeit und Unvorhersagbarkeit. Wenn Software nicht so wichtig wäre, hätten Sie wahrscheinlich längst aufgehört, überhaupt in Software zu investieren.

---

1. 11. April 2005, Forrester Report »Corporate Software Development Fails to Satisfy on Speed or Quality«. Entwicklungsabteilungen in Unternehmen enttäuschen weiterhin: Eine Forrester-Umfrage aus dem Oktober 2004 unter 692 Technologieentscheidern – denjenigen, die die Kontrolle über die IT haben – zeigt, dass fast ein Drittel der Befragten unzufrieden ist mit der Zeit, die ihre Entwicklungsabteilungen benötigen, um individuell entwickelte Anwendungssysteme zu liefern. Der gleiche Anteil an Befragten ist unzufrieden mit der gelieferten Qualität. Ein Fünftel der Befragten ist mit beidem unzufrieden.

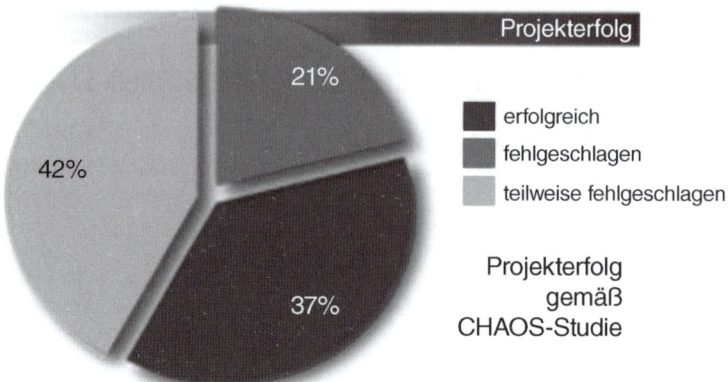

Abb. 1–1   *Traditionelle Softwareentwicklung ist riskant.*

Sie sind aber nicht alleine. Viele andere sitzen mit Ihnen im selben Boot. So geriet beispielsweise das Sentinel-Projekt des FBI kürzlich in Schwierigkeiten. Das FBI hat das Sentinel-Projekt gerettet, indem es die Einsichten und den Prozess verwendet hat, die in diesem Buch beschrieben sind.

Die hier beschriebenen Informationen über Sentinel stammen aus Berichten des Revisors des amerikanischen Justizministeriums (Department of Justice, Inspector General) und sind öffentlich verfügbar. Bevor Sie Sentinel als Anomalie der Regierungsarbeit abtun, bedenken Sie: Wenn eine große Regierungsbehörde ihre Art, Software zu entwickeln, drastisch verbessern kann, dann kann es auch Ihr Unternehmen.

Fallbeispiel: Das Sentinel-Projekt des FBI

Jede FBI-Ermittlung hat eine Ermittlungsakte, die alle Berichte enthält, die während der Ermittlungen erstellt oder gesammelt wurden. 2003 hat das FBI entschieden, die Ermittlungsakten zu digitalisieren und die Prozesse drum herum zu automatisieren. Agenten sollten so Fälle leicht vergleichen und Verbindungen zwischen ihnen entdecken können. Der Name des Projekts war Sentinel[2].

Im März 2006 initiierte das FBI die Entwicklung von Sentinel, das 30.000 Agenten, Analysten und administrative Mitarbeiter unterstützen sollte. Die Originalschätzung für Sentinel lag bei 451 Mio. $ für die Entwicklung und sah den Einsatz für Dezember 2009 vor. Gemäß dem Originalplan des FBI sollte Sentinel in vier Phasen entwickelt werden. Das FBI vergab das Projekt an Lockheed Martin. Lockheed Martin empfahl einen klassischen Entwicklungsprozess.

---

2.   Anmerkung des Übersetzers: »Sentinel« bedeutet so viel wie Wache oder Wachposten.

Im August 2010 hatte das FBI 405 Mio. $ des Sentinel-Budgets von 451 Mio. $ ausgegeben, hatte dafür aber nur die Funktionalität von zwei der vier Phasen geliefert bekommen. Auch wenn diese Lieferung die Fallbearbeitung verbesserte, erbrachte sie nicht viel des Werts, den man sich ursprünglich vorgestellt hatte. Wegen der Kosten- und Zeitüberschreitung wies das FBI im Juli 2010 Lookheed Martin an, die Arbeiten an den verbleibenden zwei Phasen einzustellen.

Bis zu diesem Zeitpunkt hatte das FBI einen klassischen Entwicklungsprozess verwendet und entschied sich jetzt für einen neuen Ansatz, um zu sehen, ob dieser bessere Ergebnisse liefern würde. Wir haben diesen neuen Prozess – Scrum – in den frühen 1990er-Jahren entwickelt. Derselbe CHAOS-Report der Standish Group, der nur 37 % aller Projekte als erfolgreich klassifiziert, zeigt, wie unterschiedlich die Ergebnisse eines klassischen Ansatzes im Vergleich zu einem agilen Ansatz wie Scrum sind (siehe Abb. 1–2).

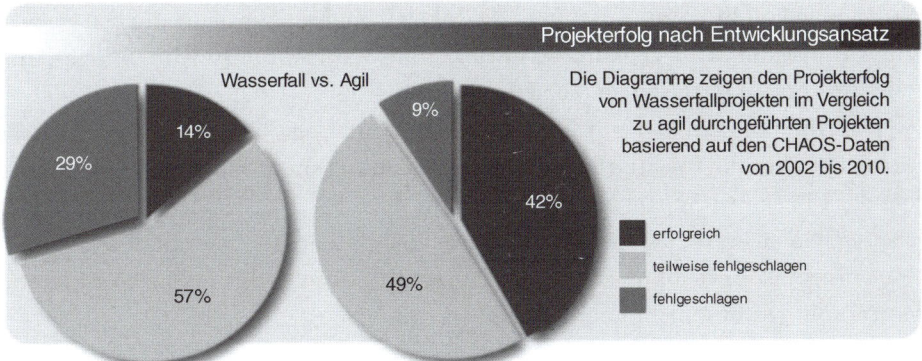

Abb. 1–2   *Agile Projekte sind dreimal so erfolgreich wie klassisch durchgeführte Projekte.*

Insbesondere zeigt der Bericht, dass nur 14 % der klassischen Projekte, aber 42 % der agilen Projekte erfolgreich waren. Wir behaupten, dass die agilen Projekte zusätzlich zur traditionellen Erfolgsdefinition der Standish Group zu besserer Reaktionsfähigkeit auf veränderte Kundenbedürfnisse führen, besseres Risikomanagement erlauben und schließlich qualitativ höhere Software liefern.

2009 stellte das FBI einen neuen Chief Information Officer (CIO) und einen neuen Chief Technology Officer (CTO) ein, die bereits früher in Managementpositionen mit Scrum gearbeitet hatten. Sie entschieden, zu prüfen, ob dieser agilere Ansatz dem FBI helfen könne. 2010 erklärte der CTO dem Justizministerium, dass er den Entwicklungsansatz für Sentinel ändern würde. Er führte aus, dass dieser neue Ansatz zu einem rationelleren Entscheidungsprozess führen würde und das FBI in die Lage versetzen würde, Sentinel innerhalb des Budgets fertigzustellen. Er erklärte dem Revisor des Justizministeriums, dass er davon ausginge,

Sentinel mit dem verbleibenden Budget und zusätzlichen 12 Monaten Zeit fertigstellen zu können. Eine Untersuchung durch MITRE[3] hatte vorher ergeben, dass
das FBI zusätzliche 35 Mio. $ und sechs weitere Jahre benötigen würde, wenn es
bei seinem klassischen Ansatz bliebe.

Das FBI verlegte das gesamte Sentinel-Projekt in das Erdgeschoss des FBI-
Gebäudes in Washington, D.C. und reduzierte die Mitarbeiteranzahl im Projekt
von 400 auf 45 (von denen 15 Programmierer waren). Der CTO führte das Pro-
jekt selbst mit dem Ziel, alle 30 Tage einen Teil der noch fehlenden Sentinel-
Funktionalität zu liefern. Jedes Inkrement zusätzlicher Funktionalität musste alle
funktionalen und nicht funktionalen Anforderungen vollständig erfüllen. Jedes
Inkrement sollte lieferbar sein und nicht nur vorführbar. Alle drei Monate gab das
FBI die in den letzten drei Iterationen entwickelten Features in den Pilotbetrieb.

Im November 2011, ein Jahr nachdem mit dem neuen Ansatz gestartet
wurde, waren alle Phasen von Sentinel fertiggestellt. Die Software lief bei einer
Pilotgruppe von FBI-Standorten und die Inbetriebnahme für die restlichen Standorte war bis Juni 2012 geplant. Das FBI konnte Sentinel für 30 Mio. $ innerhalb
von 12 Monaten fertigstellen – eine Kostenersparnis von mehr als 90 Prozent.

Die Mitarbeiter beim FBI hatten hart an den ersten beiden Sentinel-Phasen
gearbeitet, aber ihr Ansatz zur Softwareentwicklung stand ihnen im Weg. Nachdem das FBI seinen Ansatz auf den in diesem Buch beschriebenen geändert hatte,
arbeiteten die Mitarbeiter genauso hart wie vorher, wurden aber mit deutlich bes-
seren Ergebnissen belohnt. Wenn eine Organisation wie das FBI das tun kann,
warum sollte es Ihre nicht auch können?

Der falsche Ansatz: vorhersagende Prozesse

Den Prozess, den das FBI ursprünglich für Sentinel verwendet hatte, nennen wir
einen *vorhersagenden* oder auch *sequenziellen Prozess*. Tatsächlich haben bis
2005 die meisten Softwareprojekte vorhersagende Prozesse verwendet. Verstehen
Sie uns nicht falsch: Es gibt mit Sicherheit Kontexte, in denen vorhersagende Prozesse angemessen und erfolgreich sind. Diese Kontexte sind in der Softwareentwicklung allerdings die Ausnahme und nicht die Regel. Wenn man eine komplette
Vision aufstellen, alle Anforderungen zu dieser Vision definieren und schließlich
einen detaillierten Plan zur Umsetzung der Anforderungen erstellen kann, dann
funktioniert ein vorhersagender Prozess. Aber jede Abweichung von der ursprünglichen Vision, den Anforderungen oder dem Plan erzeugt ein großes Pro-
jektrisiko. Und so schnell, wie sich Geschäftsbedürfnisse und Technologien typischerweise ändern, ist es sehr unwahrscheinlich, dass Vision, Anforderungen und

---

3.   MITRE ist eine Non-Profit-Organisation zum Betrieb von Forschungsinstituten in den USA.

Plan stabil bleiben können. Im Ergebnis sind 86 % der Projekte, die vorhersagende Prozesse verwenden, laut Standish Group nicht erfolgreich. Tatsächlich glauben wir, dass die Verwendung vorhersagender Prozesse die häufigste Ursache für Probleme in der Softwareentwicklung ist.

Die Organisationen, mit denen wir arbeiten, haben typischerweise Probleme damit, die Erfolgsaussichten ihrer Softwareprojekte zu erhöhen. Sie suchen unsere Hilfe, weil sie fürchten, dass ihre Softwareabteilungen außer Kontrolle geraten. Ihre existierenden Prozesse haben ihnen nicht geholfen und sie kennen keine Alternative. Ihre Probleme mit der Softwareentwicklung führen zu einer enormen Menge an Verschwendung für ihr Unternehmen. Sie können auch nicht aus der Softwareentwicklung aussteigen, weil ihre Wettbewerbsfähigkeit abhängig von der Software bleibt.

So beschreiben Manager typischerweise die Probleme, mit denen sie es zu tun haben:

1. *Releases dauern länger und länger.*
   »Jedes Release dauert länger, ist aufwendiger und kostet mehr, bis es an den oder die Kunden geliefert werden kann. Vor einigen Jahren hat ein Release vielleicht 18 Monate gedauert. Heute benötigt die Entwicklung eines vergleichbaren Release 24 Monate. Und trotzdem ist das Release stressig und erfordert erheblichen Aufwand. Wir geben immer mehr aus und bekommen immer weniger dafür.«

2. *Releasetermine verschieben sich.*
   »Wir machen Versprechungen gegenüber Kunden und Interessenten. Diese Kunden und Interessenten bereiten größere Geschäftsinitiativen vor, die vom Releasetermin abhängen. Sie brauchen das Release mit der versprochenen Funktionalität zu dem versprochenen Zeitpunkt. Wir sagen ihnen normalerweise erst im letzten Moment, dass wir unser Versprechen nicht halten können. Ihre Pläne werden durcheinandergebracht und sie verlieren Geld und das Vertrauen ihrer Kunden. Möglicherweise können wir keine weiteren Geschäfte mit ihnen machen. Auf jeden Fall werden sie nicht als positive Referenz dienen können. Und möglicherweise sehen sie sich sogar nach einem anderen Anbieter um.«

3. *Stabilisierung am Ende des Release dauert länger und länger.*
   »Wir haben uns klar gegenüber unserer Entwicklungsorganisation ausgedrückt. Wir setzten feste harte Deadlines. Sie hielten diese Deadlines ein mit etwas, das sie ›code complete‹ oder ›code freeze‹ nannten. Aber die Software war unbrauchbar. Sie tat nicht, was benötigt wurde, war zu langsam und das, was sie tat, tat sie schlecht. Wir konnten sie nicht mal als ›Beta-Version‹ aus-

liefern, um Feedback zu bekommen. Die Fehler in der Software waren so schwerwiegend, dass unsere Beta-Anwender die Mitarbeit verweigerten. Wir brauchten nochmal neun Monate, um das Release zu liefern, und selbst dann war die Software noch instabil und wir mussten gut zureden und uns immer wieder entschuldigen.«

4. *Planung dauert zu lange und funktioniert nicht.*
»Wir fanden heraus, dass die Releases zu lange brauchten und Termine nicht eingehalten wurden, weil wir zu Beginn nicht gut genug geplant hatten. Wir konnten die Anforderungen nicht fixieren und vollständig entwickeln und unsere Schätzungen basierten stärker auf Raten, als es hätte sein sollen. Daher investieren wir jetzt mehr Zeit in die Planung. Aber es entstehen ständig neue Ideen. Wenn die Pläne begutachtet werden, finden wir immer wieder Teile, die überarbeitet werden müssen. Wir investieren heute also deutlich mehr Zeit in die Planung, als es früher der Fall war. Aber wir müssen weiterhin Termine verschieben und die Stabilisierungsphasen sind nach wie vor aufwendig und stressig. Trotz all unserer Anstrengungen entstehen während der Entwicklung Änderungswünsche, die wir bei der Planung nicht vorhergesehen haben und auch nicht vorhersehen konnten.«

5. *Änderungen während der Entwicklung sind schwer zu integrieren.*
»Der aktuelle Prozess kann mit Änderungen nicht gut umgehen. Wir investieren viel Zeit, um alles zu Beginn zu planen und die notwendigen Arbeiten werden auf Basis des Plans ermittelt. Aber häufig muss etwas Kritisches integriert werden oder ein neues Feature muss noch umgesetzt werden, um einen Verkauf abschließen zu können. Um diese Änderungen zu integrieren, müssen wir das anpassen, was wir bereits entwickelt haben. Das ist sehr aufwendig, weil es sehr schwer ist, die Auswirkungen der Änderungen vorherzusehen. Auch wenn die Änderung wichtig ist, fühlt es sich so an, als sei die Zeit zur Integration hundertmal aufwendiger, als wenn wir ursprünglich davon gewusst hätten. Aber was können wir tun? Wenn die Änderung es nicht in das Projekt oder Release schafft, muss möglicherweise bis zu zwei Jahren gewartet werden, bis sie ins nächste Release kann.«

6. *Qualität nimmt ab.*
»Wir wissen, dass wir die Entwickler nicht unter Druck setzen sollten, um die geplanten Features und die Änderungen zum Termin zu bekommen, aber die Probleme mit der Planung, den Terminverschiebungen und den Änderungen schaden unserem Geschäft. Wir sagen den Entwicklern, dass sie härter arbeiten sollen, um den Termin zu halten. Und immer wenn wir das tun, erfüllen die Entwickler unseren Wunsch, indem sie bei der Qualität oder der Gebrauchstauglichkeit Abstriche machen. Das Ergebnis ist so schlecht, dass

wir erneut in die Stabilisierungsphase eintreten müssen oder etwas ausliefern, was uns als Unternehmen peinlich ist.«

7. *»Todesmärsche« schaden der Moral.*
    »Wir behandeln Mitarbeiter in einer Art und Weise, die wir eigentlich nicht möchten. Aber wir haben Versprechungen einzuhalten und müssen das Geschäft am Laufen halten. Also arbeiten die Projektmitarbeiter auch während der Wochenenden und machen Überstunden. Ihre Familien und ihre Gesundheit leiden darunter. Als Konsequenz haben wir Probleme, gute Entwickler einzustellen, und wir verlieren unsere besten Entwickler an andere Unternehmen. Unsere verbleibenden Mitarbeiter sind so demoralisiert, dass ihre Produktivität trotz der Überstunden sinkt.«

Diese Beispiele reichen, um jedem Manager den Mut zu nehmen. Trotz 20 Jahren herkulesgleicher Anstrengungen und massiver Investitionen in Software ist es bis in die frühen 1990er-Jahre hinein kaum gelungen, erfolgreiche Softwareprojekte durchzuführen. Der Prozess, den wir in diesem Buch beschreiben, greift diese Probleme direkt auf.

Die falschen Ergebnisse: Projektfehlschlag

Die Verwendung des klassischen vorhersagenden Softwareentwicklungsprozesses ist die eigentliche Ursache für so viele fehlgeschlagene Softwareprojekte. Der vorhersagende Prozess, auch Wasserfall genannt, hängt von der Genauigkeit des Projektplans und seiner unbedingten Einhaltung ab. Im Detail hängt der Projekterfolg bei Verwendung des Wasserfalls von folgenden Faktoren ab:

1. *Anforderungen*, die sich nicht ändern und vollständig verstanden sind. Jede Anforderungsänderung würde Änderungen des Plans erfordern, die massive Auswirkungen auf das ganze Projekt hätten und häufig auch bereits erledigte Arbeit unnütz werden ließen. Unglücklicherweise ändern sich mehr als 35 % aller Anforderungen während eines typischen Softwareprojekts. Kunden versuchen die Anforderungen vollständig zu definieren, aber die immerwährenden Veränderungen am Markt, ihr unvollständiges Verständnis dessen, was sie wirklich benötigen, und die Schwierigkeit, das zukünftige System vollständig zu beschreiben, machen Änderungen der Anforderungen unausweichlich.

2. *Technologie*, die problemlos funktioniert. Jegliche Technologie, die die Software benötigt, muss sich verlässlich und so wie ursprünglich geplant verhalten. Allerdings setzen Projekte häufig Technologien ein, die die Planer vorher so noch nicht benutzt haben. Entweder wird eine Technologie zum ersten

Mal im Unternehmen verwendet. Oder die spezifische Kombination von Technologien wurde noch nicht eingesetzt. Oder bekannte Technologien werden in einem neuen Kontext angewandt. Darüber hinaus ändern sich Technologiestandards manchmal während des Projektverlaufs.

3. *Menschen*, die sich vorhersagbar und verlässlich wie Maschinen verhalten. Der Plan definiert ein Netzwerk aus Aufgaben, die erledigt werden müssen. Jede Aufgabe benötigt eine spezifische Anzahl an Stunden von einer spezifisch qualifizierten Ressource, die einen spezifischen wohldefinierten Input bekommt. Unglücklicherweise gerät das Aufgabennetzwerk ins Wanken, sobald sich Anforderungen ändern. Noch problematischer für den Plan ist, dass Menschen keine Maschinen sind. Menschen haben gute und schlechte Tage, unterschiedliche Qualifikationen, sind unterschiedlich intelligent und unterliegen Stimmungs- und Motivationsschwankungen. Aufgaben werden daher ganz anders erledigt, als der Plan es vorsieht.

Die Softwareentwicklungsindustrie versteht diese Schwierigkeiten und hat über Jahre hinweg versucht, sie durch höhere Planungsaufwände zu adressieren. Projektplanung konnte mitunter so lange dauern wie später die eigentliche Entwicklung. Enorme Arbeitsaufwände gingen in das Sammeln von Anforderungen, das Definieren der Architektur und das Detaillieren des Arbeitsplans.

Aber all diese Arbeit wäre nur sinnvoll, wenn der Plan auf genauen Informationen beruhen würde, die sich über die Zeit nicht ändern. Diese Methode ist effektiv, wenn die notwendige Arbeit gut verstanden und relativ stabil ist und daher der Plan nicht angepasst werden muss. Wenn das nicht der Fall ist, schlägt der vorhersagende Prozess fehl. Er ist nicht dafür gemacht, um mit dem Unbekannten und dem Unerwarteten umzugehen. Er ist dafür gemacht, Probleme unter festen Randbedingungen zu optimieren.

In der klassischen Produktion verwenden viele Hersteller erfolgreich das vorhersagende Prozessmodell. Die erforderliche Vorarbeit zahlt sich aus, weil der Plan mehrfach ausgeführt wird und so Auto für Auto oder Toaster für Toaster produziert wird. Diese Gleichung geht bei der Softwareentwicklung nicht auf, weil der Plan dort nur einmal ausgeführt wird. Die eine Eigenschaft, durch die vorhersagende Prozesse sich gut eignen für die Produktion, wo ein einziger Produktionslauf eine hohe Anzahl von Produktexemplaren herstellt, macht sie ungeeignet für die Softwareentwicklung, wo ein »Produktionslauf« nur ein Produkt herstellt.

Das Stacey-Diagramm ist ein nützliches Werkzeug, um sich über die Sicherheit und Vorhersagbarkeit von Arbeit klar zu werden [Stacey 2001]. Das Stacey-Diagramm setzt Sicherheit versus Unvorhersagbarkeit verschiedener Dimensionen von Arbeit in Beziehung und kategorisiert die Arbeit in verschiedene Bereiche.

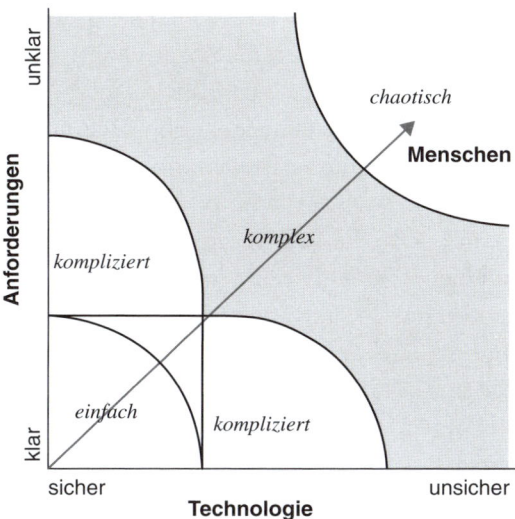

Abb. 1–3   *Das Stacey-Diagramm*

Wir haben das Modell verwendet, um drei wichtige Dimensionen der Softwareentwicklung zu modellieren: Anforderungen, Technologie und Menschen, wie in Abbildung 1–3 dargestellt.

Wir können Softwareentwicklungsprojekte wie folgt in dem Diagramm verorten:

- *Anforderungen*:
  Anforderungen können sehr klar sein ohne Risiko, dass sie sich ändern, bis hin zu sehr unklaren Anforderungen mit vagen sich ändernden Beschreibungen und vielen Änderungen.

- *Technologie:*
  Technologien können wohlbekannt und gut verstanden sein. Oder wir sind uns ihrer sehr unsicher, z.B. weil die Technologien in einer neuen Kombination verwendet werden und vielfältige Abhängigkeiten untereinander aufweisen.

- *Menschen*:
  Der menschliche Faktor kann mit einem einzelnen kleinen Team bekannt und stabil sein. Oder wir haben es mit Projekten zu tun, in denen mehr als vier oder fünf Personen arbeiten, häufig Hunderte, die ständig wechseln. Jeder Mensch für sich hat Meinungen, persönliche Werte und unterliegt Stimmungsschwankungen. Wenn Menschen in Gruppen oder Teams arbeiten, werden ihre Interaktionen und die damit einhergehende Unvorhersagbarkeit ihrer Arbeitsleistung relevant.

An dem Stacey-Diagramm können wir erkennen, dass Softwareentwicklungsprojekte mindestens komplex sind, manchmal sogar chaotisch. Der vorhersagende Prozess, auf dem der Wasserfallprozess und die klassische Softwareentwicklung insgesamt basieren, ist nur für eine einfache, sich wiederholende Arbeit sinnvoll. Sie können anhand der Erfolgsrate feststellen, ob sie einen für die Aufgabe passenden Prozess verwenden. Wenn ein vorhersagender Prozess für Softwareentwicklung geeignet wäre, wäre die Erfolgsrate (der Anteil der erfolgreichen Projekte) sehr hoch – um die 99,99 %. Die bereits genannte Standish Group ermittelt aber eine Erfolgsrate von nur 14 %, wenn vorhersagende Prozesse eingesetzt werden. Die meisten Industrien könnten mit so einer niedrigen Erfolgsrate nicht überleben. Stellen Sie sich vor, General Motors würde nur jedes siebte Auto, das sie bauen, ausliefern können – das wäre der Effekt einer Erfolgsrate von 14 %.

Der vorhersagende Prozess ist nicht angemessen für Probleme, bei deren Lösung Softwareentwicklung eine Rolle spielt. Softwareentwicklung ist komplex und nicht einfach. Wir behaupten, dass die Entscheidung, vorhersagende Prozesse für die Softwareentwicklung zu verwenden, uns zu den aktuellen Problemen gebracht hat. Wir sehen diese Behauptung belegt durch die höhere Erfolgsrate, wenn Scrum verwendet wird.

Manchmal wird Softwareentwicklung mit dem Bau von Gebäuden oder Brücken verglichen. Ingenieurdisziplinen wie Brückenbau liegen irgendwo zwischen *einfach* und *komplex* in dem Stacey-Diagramm. Aufgrund der hohen Standardisierung ist die Arbeit »lediglich« kompliziert. Es gibt drei Arten der Standardisierung: Zunächst sind da die Newton-Gesetze, die erklären, wie physische Objekte miteinander interagieren. Dann gibt es standardisierte Materialien wie Holzbalken, Stahlstreben und Verbindungsstücke in Standardgrößen und mit bekannten Eigenschaften. Und als Drittes gibt es Standards für die Konstruktionsweisen, die festgeschrieben sind und von Institutionen geprüft werden. Nichts davon existiert in der Softwareentwicklung. Und daran wird sich wahrscheinlich auch nichts ändern, solange sich die Softwareindustrie weiter so schnell entwickelt wie bisher.

Fallstudie: Parametric Technology Corporation

Parametric Technology Corporation (PTC) ist ein globales Unternehmen mit 5.000 Mitarbeitern, die Produkte für das Produkt-Lebenszyklus-Management (Product Lifecycle Management) entwickeln. Dieses Produkte, die aus CAD/CAM-Systemen (Computer-Aided Design/Computer-Aided Manufacturing) entstanden sind, helfen den größten Ingenieurunternehmen – Raytheon, BAE Systems und Airbus, um nur einige zu nennen – dabei, die Entwicklung von wirklich großen Produkten wie dem Airbus A380 zu managen. Sie tun das z. T. dadurch, dass sie die Konfiguration aller Bauteile, aller Konstruktionseinheiten und Subkonstruktionseinheiten verwalten.

2005 litt PTC unter allen Symptomen vorhersagender Softwareentwicklungsprozesse:

1. *Releases dauern länger und länger.*
   Die Releasezeiträume waren von 18 auf 24 Monate angewachsen und es sah so aus, als würde das aktuelle Release sogar noch länger dauern.

2. *Releasetermine verschieben sich.*
   Die Zeitverzögerung zum ursprünglichen Plan betrug bis zu neun Monate und dies stellte sich nur Stück für Stück heraus. Kunden, die sich auf die pünktliche Lieferung verlassen hatten, waren unzufrieden.

3. *Stabilisierung am Ende des Release dauert länger und länger.*
   Die Stabilisierung war um mindestens 2/3 der Gesamtverzögerung verspätet.

4. *Planung dauert zu lange und funktioniert nicht.*
   Für die Releases wurden bis zu sechs Monate in die Planung investiert und trotzdem waren die Pläne falsch und mussten häufig angepasst werden.

5. *Änderungen während der Entwicklung sind schwer zu integrieren.*
   Es ist schwierig zu sagen, ob die Verzögerungen sowie die Stabilisierungs- und Qualitätsprobleme aufgrund wechselnder Anforderungen entstanden sind. Es waren aber auf jeden Fall eine Menge Änderungen notwendig.

6. *Qualität nimmt ab.*
   Das war ein ernsthaftes und sich verschärfendes Problem.

7. *Todesmärsche beschädigen die Moral.*
   PTC hatte Probleme, gute Mitarbeiter einzustellen.

Die PTC-Entwicklungsorganisation verwendete den Wasserfallprozess. Um ihn zum Funktionieren zu bringen, haben sie versucht, die Anforderungen festzulegen. Anforderungen wurden in einem umfangreichen funktionalen Spezifikationsdokument festgehalten. Erst wenn die Anforderungen finalisiert waren, wur-

den sie der Entwicklung zur Verfügung gestellt. In der Zwischenzeit hatten die
Entwickler nicht viel zu tun. Sie haben entweder Fehler behoben oder PTC aus
lauter Langeweile verlassen. Die Qualitätssicherung durfte mit dem Testen erst
beginnen, wenn das Produkt vollständig implementiert war. Dadurch hatten sie
weniger Zeit für das Testen zur Verfügung. Unter dem Druck der Deadlines war
die Qualitätssicherung gezwungen, Produkte zum Release freizugeben, obwohl
sie nicht ausreichend getestet waren.

Jane Wachutka war der neue Vice President (VP)[4] für die Entwicklung von
PTCs Windchill-Produkt. Als neue Mitarbeiterin hatte sie den PTC-Wasserfall
ausprobiert und war mit den beschriebenen Problemen konfrontiert. In ihrem
vorigen Job hatte sie alternative Prozesse verwendet, die denjenigen sehr ähnlich
waren, mit denen das FBI das Sentinel-Projekt erfolgreich abschließen konnte. In
diesem Ansatz besteht ein Projekt aus einer oder mehreren Arbeitsiterationen, die
jeweils maximal 30 Tage lang sind. Kleine Entwicklungsteams wählen für die Iteration Anforderungen mit hohem Geschäftswert aus und transformieren diese in
benutzbare Software. Alle Inkremente aller Teams werden in ein komplettes nutzbares Inkrement integriert. Jede nachfolgende Iteration erzeugt ein weiteres
Inkrement der Software, das zu den vorigen Inkrementen hinzugefügt wird.

Brian Shephard (PTCs Executive Vice President für Produktentwicklung) war
skeptisch, als Jane 2007 diesen neuen Prozess für die Entwicklung ihrer Software
vorschlug. Sie versprach, dass Entwickler früher beginnen würden, dass Entwickler eine stärkere Bindung zu ihrer Arbeit haben würden, dass die Qualitätssicherung früher mit der Arbeit beginnen könnte und dass nur vollständig getestete
Produkte mit ausreichender Qualität freigegeben würden. Jane betonte, dass die
funktionalen Spezifikationen unvollständig sein dürften, weil das Produktmanagement während der Entwicklung häufig Teile des Produkts sehen, ausprobieren und Feedback geben könnte. Brian stimmte zu, mit dem neuen Prozess weiterzumachen – einem agilen Prozess namens Scrum. Aber er warnte Jane:
»Verbocke es nicht!«

Als Jane ihren Mitarbeitern das erste Mal sagte, wie sie in Zukunft Software
entwickeln würden, waren diese skeptisch. Insbesondere die Mitglieder des Entwicklungsteams gingen zögerlich ans Werk. Sie versuchten immer noch, jeden
Entwicklungsschritt perfekt auszuführen und sicherzustellen, dass sie genau das
taten, was andere wollten. Als sie aber etwas Erfahrung mit dem neuen Prozess
gesammelt hatten, sahen sich die Produktmanager nicht mehr gezwungen, voll-

---

4.   Anmerkung des Übersetzers: Die wörtliche Übersetzung von »Vice President« ist »Vizepräsi-
     dent«. Diese Bezeichnung für Führungskräfte ist in Deutschland allerdings sehr unüblich. Es
     scheint mir auch keine genaue Entsprechung in der deutschsprachigen Topmanagement-Nomen-
     klatur für »Vice President« zu geben. Daher habe ich mich entschieden, beim englischen Origi-
     nal zu bleiben.

ständige, perfekte, funktionale Spezifikationen an die Entwicklung zu übergeben. Die funktionalen Spezifikationen bildeten sich während der Entwicklung heraus. Weil PTC jetzt alle 30 Tage vollständige Funktionalitäten entwickelte, konnten sie während der Entwicklung in direkten Kontakt mit den Kunden treten, wenn dies sinnvoll war. Die Entwickler gewannen Einblicke in die Anforderungen und wie sie am besten entwickelt werden konnten. Kunden bemerkten den Unterschied und begannen während der Iterationen mit den Entwicklern zusammenzuarbeiten. Die stolzen Anwender halfen beim Erstellen der Funktionen und bekamen genau das, was sie wollten.

Das Produktmanagement hatte rollierend Anforderungen für drei Jahre, zwei Jahre und ein Jahr im Blick. Die Dreijahresperspektive wurde als Vision dargestellt mit einer sehr groben Beschreibung der geplanten Leistungsfähigkeit des Systems. Ein detaillierteres Bild war mit einem Zweijahreshorizont möglich, in dem die Releases beschrieben waren, die die Vision umsetzen sollten. Für das aktuelle Jahr waren 30-tägige Iterationen für die ersten 6 Monate definiert. Für die restlichen 6 Monate des Jahres gab es eine Roadmap mit Zielen. Je kürzer der Betrachtungsraum wurde, desto detaillierter wurden die Anforderungen. Die Entwickler haben mit einem Horizont von einem Jahr entwickelt. Sie haben PTC-Kunden angesprochen und mit ihnen die Details der Anforderungen ausgearbeitet. Das ganze Unternehmen war ein Thinktank geworden, der sowohl kreativ wie auch produktiv war.

Innerhalb von zwei Jahren hatte Jane alle ihre Versprechungen gegenüber Brian erfüllt. Janes Organisation veröffentlichte alle 12 Monate Software statt wie früher alle 24 Monate. Das Produkt hatte eine hohe Qualität. Bis 2011 hatte PTC eine Wandlung vollzogen. Es war zu einem transparenten Unternehmen geworden, sowohl innerhalb der Organisation wie auch im Verhältnis zu seinen Kunden. Unangenehme Überraschungen wurden die Ausnahme. Kunden wussten, was sie wann erwarten konnten. In 2012 waren Fehler im System sehr selten und der Trend ging gegen null. Neue Features, Benutzungsoberflächen und eine Workflowunterstützung waren zum Produkt hinzugefügt worden. Das Produkt war bzgl. der Sicherheit überarbeitet worden, um es gegen externe Angriffe zu schützen. Budget und Mitarbeiterstab konnten um 10 % reduziert werden. Brian Shepherd ließ neue Büroräume für die Softwareproduktorganisation bauen. Diese reflektierten die Transparenz, die extrem wichtig war für den Erfolg des neuen Prozesses. Jeder arbeitete in einer offenen Umgebung ohne abgeschlossene Büros. Alle Wände waren aus Glas.

Kürzlich hörte Jim Heppelmann, der Chief Executive Officer (CEO) von PTC, wie seine Manager sich für eine Erhöhung ihrer jährlichen Budgets positionierten. Schließlich stoppte er die Diskussion und forderte jeden auf, Janes Abteilung dafür zu danken, dass sie die Kosten reduziert und gleichzeitig Qualität und Funktionalität des Produkts erhöht hatte. Nur wegen ihr könnten die anderen Unternehmensteile von diesen Einsparungen profitieren.

Einmal waren Jane und Jim in einer Telefonkonferenz mit einem Unternehmen in Israel, das PTC-Produkte evaluierte. Jane sagte dem CEO dieses Unternehmens, dass Raytheon weltweit PTC-Produkte einsetzen würde und bat ihn, Raytheon zu kontaktieren. Sie wusste, dass sie nicht nur von den PTC-Produkten beeindruckt waren. Sie waren auch begeistert von dem neuen Prozess, der unangenehme Überraschungen eliminierte. Mit PTC waren sie in der Lage zu kooperieren und ihre Zeitpläne sofort anzupassen. Sie waren so beeindruckt, dass sie selbst die PTC-Art der Softwareentwicklung anwendeten. Jim ergänzte bei diesem Gespräch, dass Jane vergessen hatte, das letzte Release zu erwähnen. Es war das beste Produkt, das PTC je ausgeliefert hatte, in erster Linie, weil Jane den Prozess verändert hatte.

Zusammenfassung

Softwareentwicklung ist in der Vergangenheit fehleranfällig gewesen. Die Ursache für die Fehlschläge ist die Verwendung des vorhersagenden Prozesses für komplexe Arbeitssituationen. Wenn wir zu Scrum wechseln, einem empirischen Prozess, steigt die Erfolgsrate von Softwareprojekten drastisch.

Es *ist* möglich, Software-Features in 30 Tagen oder weniger fertigzustellen. Lassen Sie sich von Ihren Entwicklern nichts anderes erzählen. Schließlich haben Hunderttausende Softwareentwickler dies seit den frühen 2000er-Jahren geschafft. Ein Softwareprodukt mag immer noch sehr groß sein, aber es kann Stück für Stück entwickelt werden – jedes Stück in 30 Tagen.

2 Scrum: Der richtige Prozess erzeugt die richtigen Ergebnisse

Im letzten Kapitel haben wir festgestellt, dass der empirische Prozess angemessen für die Softwareentwicklung ist. Jetzt wollen wir uns ansehen, wie Empirie funktioniert und wie wir auf dieser Basis Software entwickeln können. Wir werden uns dem empirischen Ansatz durch die Brille des agilen Softwareentwicklungsprozesses namens Scrum nähern, den wir über die Jahre entwickelt haben.

Empirie in Aktion

In einem empirischen Prozess werden Informationen durch Beobachtung gewonnen statt durch Vorhersagen. Wir wissen außerdem, dass empirische Prozesse am besten für komplexe Probleme geeignet sind, bei denen wir mehr nicht wissen, als wir wissen. Damit ein empirischer Prozess funktionieren kann, sind folgende zwei Vorbedingungen notwendig:

1. *Inspektion und Adaption (engl. Inspect & Adapt):*
   Wir müssen immer wieder die konkrete Situation untersuchen (Inspektion), sodass wir unsere nächsten Schritte anpassen (Adaption) können, um die Ergebnisse zu optimieren. Die Häufigkeit der Inspektion und Adaption hängt davon ab, welches Risiko wir bereit sind, einzugehen. Je größer die unbekannten Faktoren sind, desto schneller geraten wir vom optimalen Weg ab. Je weiter wir den optimalen Weg verlassen, desto größer ist der Aufwand, uns neu zu orientieren, die Fehlleistung rückgängig zu machen und neu aufzusetzen.

2. *Transparenz:*
   Wenn wir etwas inspizieren, müssen wir das, was wir sehen, hinsichtlich unseres Ziels bewerten. Wenn unser Ziel darin besteht, ein System mit bestimmten Eigenschaften und Funktionalitäten zu entwickeln, müssen wir Eigenschaften und Funktionen oder zumindest Teile davon inspizieren.

Wenn wir einen vorhersagenden Prozess verwenden, definieren wir vorab alle Anforderungen, auch wenn deren Entwicklung Jahre in Anspruch nimmt. Wir wissen aber, dass sich in der Softwareentwicklung über eine so lange Zeitspanne Risiken anhäufen und dass Verschwendung entsteht, wenn man für so lange Zeiträume plant. Stattdessen verwenden wir viel kürzere Zyklen, typischerweise 30 Tage oder weniger. (Wir diskutieren den Wert kürzerer Zyklen später.) Am Ende der ersten 30 Tage inspizieren wir die Ergebnisse und legen fest, was wir als Nächstes tun sollten, um unser Ziel zu erreichen. Dabei passen wir unseren Weg an, soweit dies notwendig ist.

Bevor wir mit der Entwicklung von Software beginnen, brauchen wir eine Idee, eine Vision, wie wir mit der Software Wert schaffen wollen. Wir glauben vielleicht einen Weg zu kennen, wie man eine Aufgabe effizienter erledigen kann, oder wir glauben, dass wir eine Software entwickeln können, die andere wertvoll finden. Wir können einige Aspekte dessen, was die Software leisten muss, sehr klar beschreiben bis zur konkreten Definition der Anforderungen. Viele andere Aspekte der Software sind unklarer und wir lassen sie zunächst undefiniert. Unser Wissen bewegt sich zwischen »extrem wichtig und gut verstanden« und »möglicherweise relevant und nur vage bekannt«.

Wir erstellen eine Liste mit unseren Ideen, die wir Product Backlog der Anforderungen nennen (siehe Tab. 2–1). Wir sortieren das Product Backlog mit der Arbeit so, dass die kritischen Anforderungen oben stehen. Das Backlog ist eine sich ständig ändernde Liste unserer Ideen für die Software. Wir können Einträge hinzufügen, ändern oder entfernen, wann immer wir es wollen.

Zunächst müssen wir sicherstellen, dass unsere Idee funktionieren kann. Können wir in 30 Tagen etwas entwickeln, das nützlich ist und die weitere Entwicklung der Software rechtfertigt?

Wir treffen uns mit einem kleinen Team von Softwareentwicklern und sprechen über unsere Vision und die initialen Anforderungen mit den Entwicklern. Wir arbeiten mit ihnen zusammen und konkretisieren gemeinsam die wichtigsten Anforderungen. Auch wenn das Gesamtsystem sehr groß sein mag, fokussieren wir auf gerade so viel, wie notwendig ist, um herauszufinden, was möglich ist und ob wir weitermachen wollen. Wir wollen außerdem möglichst früh einen ersten Blick auf einen benutzbaren Teil unserer Vision werfen.

Wir fragen das Entwicklungsteam, wie viele der Anforderungen es glaubt, in den nächsten 30 Tagen in laufende, komplett entwickelte Funktionalität umsetzen zu können.

Partielles Product Backlog für ein Banksystem						
Geschäfts-bereich	Prozess	Produkt	Aktivität	Product-Backlog-Eintrag	Priorität	Größe
Privatkunden-geschäft	Schalter	Hypotheken	...			
		Sparen	Einzahlungen	Kunde kann eine Einzahlung auf ein Konto vornehmen	33	13
				Kunde kann selbst Einzahlungen mit neuem Bankauto-maten vornehmen	42	21
			Abhebungen	...		
		Girokonto	...			
	Plattform	Pensions-konto	Ablagestatus	...		
		Vermögens-wirksame Leistungen	Personen-daten	...		
		Hypotheken	Standort	...		
		Privat-kredite	...			
		Sparen	...			
		Girokonto	...			
Firmenkun-dengeschäft	...	...	...			
...						

Tab. 2–1 *Product Backlog mit Anforderungen organisiert nach Geschäftsprozessen*

Wir konzentrieren uns auf die wichtigsten Backlog-Einträge aus Geschäftssicht. Wir sind aber offen für Ideen aus dem Team. So stellen wir sicher, dass die Dinge, die aus einer technischen Perspektive wichtig sind, nicht übersehen werden, wie z.B. die Stabilität der Software. Wir sprechen über diese Anforderungen und unterstützen das Entwicklungsteam dabei, den besten Weg zur Umsetzung zu finden. Auch wenn wir keine Softwareentwickler wie die Teammitglieder sind, können wir trotzdem zwischen Alternativen wählen und Randbedingungen für die Teammitglieder klären.

Die folgende Liste fasst in Definitionen das zusammen, was wir bisher beschrieben haben:

▪ *Iteration*:
Iterieren bedeutet, eine Reihe von Schritten oder einen Prozess zu wiederholen, typischerweise um sich einem erwünschten Ziel oder Ergebnis anzunähern. Jede Wiederholung des Prozesses nennt man Iteration und das Ergebnis einer Iteration ist der Ausgangspunkt für die nächste Iteration. Für Sie sind die ersten 30 Tage die erste Iteration.

▪ *Häufigkeit*:
Dies bezieht sich auf die Länge der Iteration. Häufige Iterationen helfen bei der Risikokontrolle, indem der Fortschritt kontinuierlich inspiziert wird. Dadurch wird sichergestellt, dass keine Verschwendung auftritt und wir stets wissen, wo das Projekt steht.

▪ *Inkrement*:
Ein Inkrement ist ein Teil des Ganzen, das über die Zeit größer wird. Ein funktionierendes Ergebnis einer Iteration in der Softwareentwicklung nennt man Inkrement. Inkremente bauen Iteration für Iteration aufeinander auf, bis wir ein nützliches Gesamtsystem haben.

▪ *Transparenz*:
Das Inkrement muss vollständig umgesetzt und benutzbar sein, ohne übrig gebliebene Restarbeiten an dem Inkrement. Unvollständige Arbeit oder Prototypen sind intransparent, weil wir nicht wissen, wie viel Arbeit für die Fertigstellung noch notwendig ist.

▪ *Iterativ-inkrementell*:
Diese Art der Softwareentwicklung, in der in einer Reihe von Iterationen aufeinander aufbauende, vollständige, implementierte Inkremente entwickelt werden, nennt man iterativ-inkrementell. Die Iterationen werden fortgesetzt, bis ein Ziel erreicht und der Geschäftswert optimiert wurde.

Wir beginnen mit der ersten Iteration. Das Entwicklungsteam transformiert unsere Anforderungen in ein Inkrement benutzbarer Funktionalität. Jede Iteration beginnt mit einer Planung. Dann entwickelt das Team, was geplant wurde. Und am Ende der Iteration inspizieren wir alle zusammen das hergestellte Software-Inkrement.

Um ein System zu entwickeln, das unsere Bedürfnisse befriedigt und die Vision umsetzt, können wenige oder sehr viele Iterationen notwendig sein. Jede Iteration ist eine *Timebox*. Das bedeutet, dass die Iteration exakt die definierte Iterationszeit dauert und diese Länge während der Iteration nicht geändert wird.

Jede Iteration erzeugt ein Inkrement potenziell benutzbarer Software (siehe Abb. 2–2). Die Funktionalität ist vollständig umgesetzt ohne ausstehende Arbeit. Das Ergebnis einer Iteration ist der Ausgangspunkt für die nächste Iteration.

Am Ende jeder Iteration können wir dem Entwicklungsteam eine neue Richtung geben, die von der ursprünglich eingeschlagenen abweichen kann. Tatsächlich ist die Wahrscheinlichkeit dafür hoch. Zu Beginn haben wir eine Vision oder sehen eine Chance, die wir nutzen wollen. Wir lassen ein Entwicklungsteam ein Softwaresystem erstellen, das die wichtigsten Aspekte abdeckt. Dann sehen wir uns das Inkrement an und denken darüber nach, wie wir es nutzen können. Wir überlegen, was wir zu dem Inkrement hinzufügen können, um es noch nützlicher zu machen. Mit jeder Iteration findet eine Kurskorrektur statt.

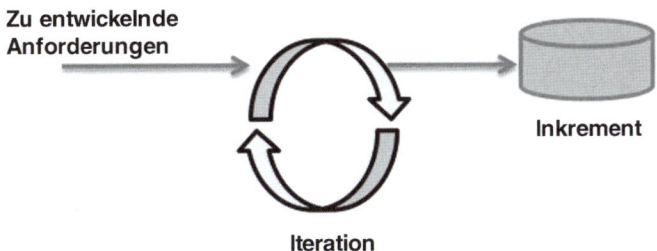

Abb. 2–1   *Eine Iteration erzeugt ein transparentes Inkrement.*

Jedes entwickelte Inkrement spornt uns an, über bessere Wege nachzudenken, unsere Vision zu verwirklichen. Das Inkrement soll einen Dialog zwischen dem Entwicklungsteam und uns anregen. Wir können kooperativ daran arbeiten, wie wir den maximalen Wert aus der nächsten Iteration ziehen können und was wir entsprechend entwickeln wollen. *Wir heißen Veränderungen willkommen.*

Wir finden möglicherweise heraus, dass unsere Vision unrealistisch ist. Die Technologie ist vielleicht noch nicht reif, uns gefallen die Ergebnisse nicht oder die Kosten sind zu hoch. Abhängig davon, was wir herausfinden, können wir das Projekt nach jeder Iteration stoppen. Wir investieren kein weiteres Geld, bis wir eine erfolgversprechendere Vision gefunden haben. Erfolgreich ist ein Projekt auch dann, wenn wir kein weiteres Geld auf eine unrealistische Vision verschwenden.

Manchmal reicht eine Iteration aus, um etwas zu entwickeln, das wir benutzen können. Während wir das Inkrement verwenden, arbeitet das Team parallel an der nächsten Iteration, um weitere Funktionalität zu realisieren. So können wir das System erweitern und in jeder Iteration mehr Funktionalität entwickeln, während wir parallel bereits Geschäftswert durch den Systemeinsatz schaffen. Wenn das Ergebnis der Entwicklungsteams für richtig befunden wird, geben wir

die Software für die Benutzung frei. Abbildung 2–2 zeigt die Abfolge mehrerer
Iterationen.

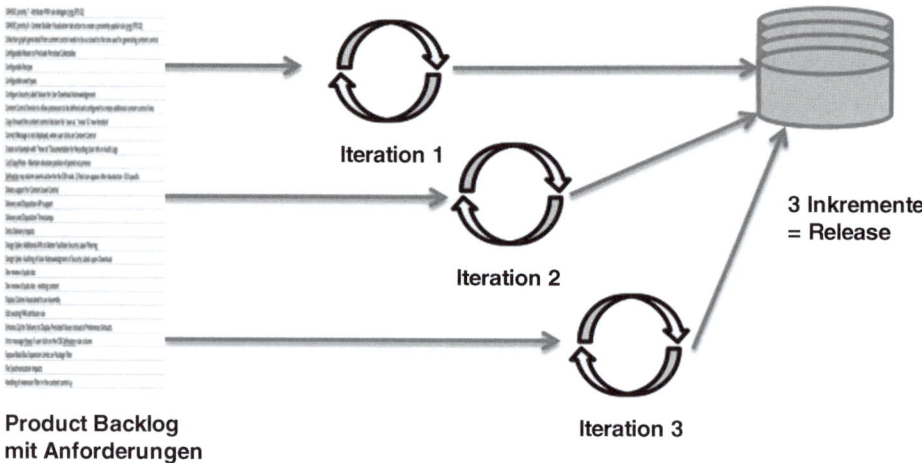

Abb. 2–2   *Mehrere Iterationen erzeugen sich ergänzende Inkremente.*

Wir haben einen empirischen Prozess für die Softwareentwicklung vorgeschla-
gen. Wir entscheiden am Ende der Iteration, was wir als Nächstes tun werden,
und behalten dabei stets unsere Vision im Blick. Wir begutachten, was entwickelt
wurde. Wir können die wahrscheinlichen Kosten und das Fertigstellungsdatum
auf Basis unserer Beobachtungen prognostizieren und so entscheiden, ob wir
fortfahren wollen. Wir nennen dies den iterativ-inkrementellen Prozess. Er ist die
Grundlage von Scrum. Wir haben beschrieben, wie der Prozess funktioniert und
warum man ihn »Software in 30 Tagen« nennen kann. Jetzt wollen wir uns ansehen, ob dieser Prozess die Probleme löst, die wir im Wasserfallprozess – oder all-
gemeiner im vorhersagenden Prozess – gefunden haben.

Löst Empirie unsere Probleme?

Löst unser empirischer Ansatz die Probleme des Wasserfallprozesses? Betrachten
wir den empirischen Prozess vor dem Hintergrund der Probleme, die wir im Wasserfallprozess festgestellt haben:

- *Wasserfallproblem 1:*
  Release dauern länger und länger.
  Unser Release besteht aus einer Menge von aufeinander aufbauenden Inkre-
  menten, die in einer Reihe von Iterationen entwickelt werden. Wir können die
  Entwicklung nach jeder Iteration beenden. Wir können die Entwicklung

beenden, wenn wir den Wert maximiert haben. Die Mächtigkeit dieses Vorgehens wird deutlich, wenn man bedenkt, dass in klassisch entwickelter Software mehr als die Hälfte der Funktionen selten oder gar nicht verwendet werden. In Scrum werden diese Funktionen gar nicht erst entwickelt. Wir können die Entwicklung auch beenden und die Software freigeben, wenn ein Termin erreicht oder ein Budget aufgebraucht wurde. Wir haben auf jeden Fall eine Menge werthaltiger Inkremente entwickelt.

Wasserfallproblem 2:
Releasetermine verschieben sich.
Unser Releasetermin kann sich um maximal 30 Tage verschieben, weil dies die maximale Länge einer Iteration ist. Wir liefern die entwickelten Inkremente aus, wenn der Termin erreicht ist. Wir führen keine Iterationen durch, die Funktionalität mit geringem Geschäftswert entwickeln. Dadurch können wir das komplette System viel früher liefern, als es sonst der Fall wäre.

Wasserfallproblem 3:
Stabilisierung am Ende des Release dauert länger und länger.
Jede Iteration erzeugt ein vollständiges, benutzbares Inkrement ohne ausstehende Arbeit. Jedes Inkrement ist mit den vorher erstellten Inkrementen integriert, sodass es direkt benutzbar ist. Es ist keine weitere Stabilisierung vor dem Release notwendig, weil jegliche Arbeit bereits vorher in den Iterationen erledigt wurde.

Wasserfallproblem 4:
Planung dauert zu lange und funktioniert nicht.
Die initiale Planung wird darauf reduziert, ein Ziel zu setzen und die wertvollste Funktionalität mit Hinblick auf das Ziel zu identifizieren. Termine und Kosten haben den Charakter einer Vorhersage. Die vor der ersten Iteration stattfindende Planung beschränkt sich normalerweise auf 20 % dessen, was man in Wasserfall- bzw. vorhersagenden Prozessen investiert. Die Anforderungen im Detail erst kurz vor Beginn der jeweiligen Iteration. Diese Iterationsplanung nennt man auch Just-in-Time-Planung. Wir sprechen davon, dass die Anforderungen gelten als emergent, bilden sich also während des Prozesses heraus, wenn wir Inkremente inspizieren und auf dieser Basis die Anforderungen für die nächste Iteration anpassen.

Wasserfallproblem 5:
Änderungen während der Entwicklung sind schwer zu integrieren.
Anforderungen können sich in einem iterativ-inkrementellen Prozess bis zum Beginn der nächsten Iteration ändern. Es gibt also definierte Zeitpunkte, zu denen Änderungen integriert werden können. Das Entwicklungsteam ist darauf vorbereitet, dass es Änderungen geben wird.

■ *Wasserfallproblem 6:*
Qualität nimmt ab.
Jedes Inkrement ist benutzbar und ohne ausstehende Arbeit vollständig reali-
siert. Die Qualität ist bereits eingebaut. Jedes nachfolgende Inkrement wird
ebenfalls in Produktionsqualität entwickelt und integriert. Es gibt keine über-
hastete Stabilisierungsphase am Projektende, in der Qualität möglicherweise
einem zugesagten Termin geopfert wird.

■ *Wasserfallproblem 7:*
Todesmärsche beschädigen die Moral.
Die Stabilisierungsphase vor dem Release wird mit Scrum beseitigt zusammen
mit den Todesmärschen während unzähliger Überstunden und Wochenendar-
beit.

Wie man sehen kann, adressiert iterativ-inkrementelle Entwicklung, die auf empirischer Prozesskontrolle basiert, die Probleme, die die Softwareentwicklung
heimgesucht haben. Um die Bedürfnisse von Unternehmen zu befriedigen, müssen wir allerdings auch wissen, wie das Management solcher Scrum-Projekte
funktioniert. Das beschreiben wir als Nächstes. Kapitel 6 vertieft das Thema.

Das Management von Arbeit erfolgt entlang von nur drei Variablen: (A) Ers-
tens sind das die Anforderungen, die die Funktionalität der Software beschreiben.
(B) Zweitens haben wir die Zeit, die wir jetzt in Blöcken von 30 Tagen messen.
(C) Drittens ist die fertiggestellte Arbeit relevant, die wir in benutzbarer Funktionalität messen – oder anders ausgedrückt: Wie viel (A) haben wir in den vergangenen 30-Tage-Zeiträumen zusammengenommen erledigt.

Wir können folgendermaßen ein Diagramm für das Management des Projekts erstellen:

1. Das Product Backlog mit den Anforderungen wird auf der vertikalen y-Achse
    dargestellt. Der Aufwand für die Anforderungen wird in Aufwandseinheiten
    angegeben. Nehmen wir an, wir hätten fünf Anforderungen. Diese haben
    Aufwände von 2, 3, 5, 3 und 8 Aufwandseinheiten. In Summe haben wir da-
    mit 21 Aufwandseinheiten, die wir auf der y-Achse darstellen. Die Einheiten
    sind in der Reihenfolge angegeben, in der sie entwickelt werden sollen. Neh-
    men wir an, die Reihenfolge sei 2, 3, 5, 3 und 8.

2. Die Zeit wird auf der horizontalen x-Achse dargestellt. Die Einheiten sind
    30-Tage-Zeiträume – die Iterationen.

3. Auf Basis unserer früheren Erfahrungen mit dem Entwicklungsteam gehen
    wir davon aus, dass das Team fünf Aufwandseinheiten je Iteration umsetzen
    kann. Wie schnell das Team wirklich ist, werden wir erst feststellen können,
    wenn es mit der Arbeit begonnen hat. Aber so haben wir immerhin eine Vor-

hersage nach dem Wetter-von-gestern-Prinzip[1]. Wir gehen also davon aus, dass in den ersten vier Iterationen 20 Aufwandseinheiten erledigt werden können (5, 5, 5, 5) und das letzte Stückchen in der fünften und letzten Iteration.

4. Die Menge der entwickelten und benutzbaren Funktionalität wird am Ende jeder Iteration berechnet. Wir planen die ersten beiden Anforderungen im Umfang von 2 und 3 Aufwandseinheiten für die erste Iteration ein. Wir gehen davon aus, dass wir die nächste Funktionalität im Umfang von 5 Aufwandseinheiten in der zweiten Iteration umsetzen können. Typischerweise haben wir bis dahin unsere Meinung darüber geändert, was als Nächstes entwickelt werden sollte. Wir haben dann die ersten beiden Inkremente gesehen und stoßen auf unerwartete oder geänderte Anforderungen für die kommende Iteration. Wenn das nicht der Fall sein sollte, machen wir weiter wie geplant. Es bleibt aber dabei, dass der Plan ohne Probleme nach jeder Iteration angepasst werden kann. Die Größe eines Inkrements wird in derselben Größe gemessen wie die Anforderungen auf der y-Achse.

5. Wir stellen schließlich fest, dass das Entwicklungsteam in den ersten drei Iterationen Funktionalitäten im Umfang von 3, 5 und 5 Aufwandseinheiten implementiert hat. Das so entstandene Burndown-Chart zeigt Abbildung 2–3.

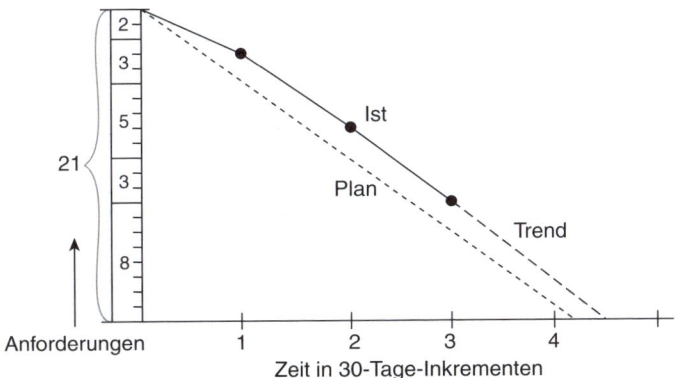

Abb. 2–3   *Burndown-Chart*

---

1. Anmerkung des Übersetzers: In 80 % der Fälle ist das Wetter morgen so ähnlich, wie es heute war. Das Wetter-von-gestern-Prinzip ist eine einfache empirische Möglichkeit zur groben Vorhersage in iterativ-inkrementellen Prozessen. Die Voraussetzung ist, dass der Kontext relativ stabil bleibt (also das Klima sich nicht plötzlich ändert).

Der Plan bzw. die Prognose zu Beginn der Entwicklung zeigt, dass wir mit 21 Aufwandseinheiten starten. Wir gingen davon aus, dass wir 5 Aufwandseinheiten je Iteration erledigen können. Wir haben dies im Diagramm dargestellt (gestrichelte Plan-Linie). Diese Prognose zeigt im Diagramm, dass die komplette Funktionalität in der fünften Iteration benutzungsfähig fertiggestellt wird.

Tatsächlich wurden in der ersten Iteration Funktionalitäten im Umfang von 3 Aufwandseinheiten fertiggestellt und in den Iterationen zwei und drei jeweils im Umfang von 5 Aufwandseinheiten. Wir haben dies im Diagramm mit der durchgezogenen Ist-Linie dargestellt. Wenn wir daraus eine Trendlinie ableiten, sehen wir, dass die komplette Funktionalität in der Mitte und nicht zu Beginn der fünften Iteration erledigt sein wird. Allerdings ist diese Projektion keine Garantie. Empirie bedeutet, dass wir nicht sicher wissen, wie viel umgesetzt werden kann, bevor es umgesetzt wurde. Für die erste Iteration waren wir von 5 Aufwandseinheiten ausgegangen. Es wurden aber nur 3 erledigt. Die Technologie war instabiler als erwartet, unsere Anforderungen waren unklar und einer der Entwickler war mehrere Tage lang krank. Wir haben den Fortschritt am Ende der ersten Iteration inspiziert und entschieden, dass die Wertschöpfung (ROI: Return on Investment) trotzdem ausreichend gut war. Wir hatten das Gefühl, dass die Probleme der ersten Iteration wahrscheinlich nicht wieder auftreten würden. Auf Basis dieser Überlegungen haben wir entschieden, eine zusätzliche Iteration zu finanzieren. Diese Art des Inspizierens und Adaptierens findet am Ende jeder Iteration statt.

Dieses empirische Management bietet die folgenden Vorteile:

1. *Management*:
   Am Ende jeder Iteration weiß man genau, wie viele und welche Anforderungen erledigt wurden und welche Funktionalitäten für den Einsatz bereit sind. Auf Basis des Fortschritts in der Vergangenheit kann man Prognosen erstellen und einen wahrscheinlichen Fertigstellungstermin ermitteln. Diese Prognose wird mit dem Wissen erstellt, dass sich zum Ende der nächsten Iteration ein anderes Bild ergeben kann.

2. *Kontrolle*:
   Wenn die vorliegenden Informationen aussagen, dass die Software später als benötigt fertiggestellt wird, kann man die Größe oder Menge der noch ausstehenden Funktionalität reduzieren. So hätten wir z.B. nach der zweiten Iteration, als noch 13 Aufwandseinheiten offen waren, den Umfang des Systems auf 10 Aufwandseinheiten reduzieren können. Wenn das Entwicklungsteam dann mit einer Geschwindigkeit von 5 Aufwandseinheiten je Iteration weiter gearbeitet hätte, hätte die Funktionalität mit dem Ende der vierten Iteration geliefert werden können.

3. *Vorhersagbarkeit:*

    Die Prognose kann falsch sein. Die Fertigstellung kann mehrere Wochen nach dem zunächst angenommenen Liefertermin stattfinden. Wie wahrscheinlich das ist, kann man nach der ersten Iteration mutmaßen, nach der zweiten Iteration annehmen und nach der dritten Iteration fast schon wissen. Jeder, der die Funktionalität benutzen will, kann entsprechend diesen Erkenntnissen seine eigenen Pläne anpassen. Ähnlich kann das Budget frühzeitig angepasst und beantragt werden.

4. *Risikomanagement:*

    Nehmen wir an, das Entwicklungsteam hätte in den ersten drei Iterationen lediglich Funktionalitäten im Umfang von jeweils 2 Aufwandseinheiten umgesetzt. Am Ende der dritten Iteration würde die Prognose aussagen, dass die Fertigstellung des Systems nicht vor Mitte der zehnten Iteration zu erwarten ist. Wenn das initiale Budget 100.000 $ umfasst hätte, würde die neue Prognose eine Budgetüberschreitung von 150.000 $ vorhersagen. Wenn die Wertschöpfung in keinem angemessenen Verhältnis zu der Investition von 250.000 $ stehen würde, könnte das Projekt nach der dritten Iteration beendet werden.

Aus Empirie ergeben sich Praktiken für den Umgang mit Menschen

Es gibt eine Reihe bewährter Praktiken für die iterativ-inkrementelle Entwicklung mit empirischem Management. Diese Praktiken basieren teilweise auf akademischen Prinzipien, stammen aber auch aus der konkreten praktischen Erfahrung von Teams.

Insgesamt haben wir herausgefunden, dass kleine Teams am besten geeignet sind für iterativ-inkrementelle Entwicklung. Teams sollten nicht mehr als neun Mitglieder haben und nicht weniger als drei. Zusammengenommen muss das Team alle erforderlichen Fähigkeiten besitzen, um Anforderungen in Inkremente zu transformieren. Abhängig von der Art der entwickelten Software sollten die Fähigkeiten der Entwickler im Team Programmierung, Testen, Design, Analyse, Dokumentation, Architektur etc. umfassen. Durch die Zusammenstellung des Teams und die Teampraktiken wollen wir Produktivität, Qualität, Kreativität und kontinuierliche Verbesserung erreichen.

Unsere Erkenntnisse über die effektivsten Softwareteams basieren auf der Arbeit von Takeuchi und Nonaka, die den Teamprozess an der Harvard Universität untersucht haben [Takeuchi & Nonaka 1986]. Sie haben das Verhalten von autonomen Teams analysiert, die durch eine übergeordnete Aufgabe motiviert

waren, sich in übergreifendem Lernen engagiert und in kurzen Iterationen gearbeitet haben. Die intensive Zusammenarbeit in den Teams ermöglichte einen
Zyklus der Wissensgewinnung, der zu Innovation, kürzerer Time-to-Market und
höherer Qualität führte. Die Teams erinnerten Takeuchi und Nonaka an Rugby,
sodass sie diese Art des Projektmanagements Scrum nannten – das Spiel wird neu
aufgesetzt, wenn der Ball ins Aus geht.

Aufbauend auf dem, was wir von Takeuchi und Nonaka gelernt haben,
haben wir die folgenden Praktiken für Teams entwickelt, um den empirischen
Softwareentwicklungsprozess zu ergänzen. Alle diese Praktiken führen zu hochperformanten Teams, die Kreativität, Qualitätsarbeit, Produktivität und Moral
zeigen:

- *Respekt für jeden einzelnen Mitarbeiter:*
  In einigen Unternehmen werden Mitarbeiter wie Kinder behandelt. Ihre Ideen
  werden verworfen und man sagt ihnen für jeden Moment ihres Arbeitstages,
  was sie zu tun haben. Damit Menschen sich für ihre Arbeit begeistern und
  engagieren, muss die Umgebung auf Ermutigung und Respekt ausgerichtet
  sein. Scrum ist so gestaltet, dass Mitarbeiter mit Respekt und Anerkennung
  behandelt werden. Wir sind nicht die Ersten, die über diese Ideen nachge-
  dacht haben. Die meisten sind in der Industrie schon lange bekannt. Allerdings fokussiert Jeff besonders auf den menschlichen Aspekt der Softwareentwicklung mit Scrum.

- *Eingebaute Instabilität:*
  Der Entwicklungsprozess beginnt damit, dass das Topmanagement ein
  anspruchsvolles Ziel oder eine strategische Richtung vorgibt. Es gibt keinen
  klaren Produkt- oder Arbeitsplan vor und lässt dem Entwicklungsteam einen
  großen Spielraum. Anspruchsvolle Herausforderungen zu setzen, erzeugt ein
  dynamisches Spannungsfeld im Team.

- *Selbstorganisierte Projektteams:*
  Das Team entscheidet selbst, wie es die anspruchsvollen Ziele des Managements erreicht. Die Idee ist hier, dass das Team sich nicht auf Anleitung von
  außen verlässt, sondern gezwungen ist, sich selbst zu organisieren und zu
  managen. Selbstorganisation ist vorhanden, wenn das Team drei Bedingungen erfüllt: Autonomie, Über-sich-Hinauswachsen (self-transcendence) und
  gegenseitige Befruchtung (cross-fertilization). Autonomie liegt vor, weil das
  Management sich darauf beschränkt, Richtung, Geld und Unterstützung zu
  geben. Es interveniert selten. In gewisser Weise verhält sich das Management
  wie ein Venture-Capitalist: Es öffnet seine Geldbörse und hält seinen Mund
  geschlossen. Das Team arbeitet kontinuierlich daran, sich zu verbessern. Es ist
  eine nie endende Suche nach der Grenze der eigenen Leistungsfähigkeit.

Gegenseitige Befruchtung (cross-fertilization):
An einem Ort zusammensitzende interdisziplinäre (cross-functional) Teams fördern große Leistungsfähigkeit, Qualität und Kreativität. Teammitglieder kooperieren und die Spezialisierungsgrenzen zwischen ihnen beginnen zu verwischen. Tatsächlich fordern einige Unternehmen, dass jedes Teammitglied zwei Spezialisierungen hat (z. B. Programmieren in einer Programmiersprache und Testen) und in zwei Bereichen zu Hause ist (z. B. Design und Marketing). Die intensive Interaktion der Individuen führt zu einer Taktung oder einem Tempo für das Team. Der Herzschlag der Innovation und Leistung entsteht.

Überlappende Entwicklungsphasen:
Dadurch, dass lineare Arbeitssequenzen vermieden werden, kann das Team die »Vibrationen« oder »Störgeräusche« absorbieren, die durch Blockaden im Entwicklungsprozess hervorgerufen werden. Wenn ein Flaschenhals (bottleneck) entsteht, kommt das Entwicklungsteam nicht plötzlich zum Stillstand. Es arbeitet um das Problem herum. Überlappende Phasen brechen mit der traditionellen Sichtweise auf Arbeitsteilung. Dieser Ansatz führt nicht nur zu mehr Geschwindigkeit und Flexibilität, sondern die gemeinsame Verantwortung und Kooperation stimuliert Eingebundenheit und Commitment sowie ein Verständnis für die Marktbedingungen. Auf der anderen Seite muss man dafür einen intensiven Prozess managen, der Sichtbarkeit, Kommunikation, Spannung und sogar Konflikt erfordert.

Vielschichtiges und multifunktionales Lernen:
Lernen im Team findet entlang vieler Dimensionen statt. Bei 3M werden z. B. Ingenieure ermutigt, 15 % ihrer Arbeitszeit darauf zu verwenden, ihre Träume umzusetzen. Wenn ein Team bei Honda blockiert ist, wird es z. B. nach Europa entsandt, um »sich umzusehen und zu lernen, was dort passiert«. Die Idee ist hier, dass Lernen häufig auf unerwartete Weise an unerwarteten Orten stattfindet. Am Wichtigsten ist dabei, dass Lernen aus persönlicher Initiative entsteht, die vom Management gefördert und begleitet wird.

Subtile Kontrolle:
Auch wenn Projektteams sich selbst organisieren, arbeiten sie nicht unkontrolliert. Es werden ausreichend viele Prüfpunkte installiert, damit Instabilität, Doppeldeutigkeit und Spannung nicht ins Chaos abrutschen. Kontrolle durch Gruppendruck und »Kontrolle durch Liebe« sind die Basis für eine subtile Kontrolle. Der dynamische Fluss des Teams bringt unbewusstes Wissen der Gruppe an die Oberfläche und erzeugt explizites Wissen in Form der entwickelten Software. Dieser dynamische Fluss entsteht nur in einer durch das Management erzeugten Umgebung des Achtgebens. Führungspersönlichkeiten im Team werden umsichtig ausgewählt und Teams werden durch den

Austausch von Teammitgliedern so ausbalanciert, dass die richtige Dynamik entsteht und sichergestellt ist, dass die Teammitglieder miteinander arbeiten können. Es muss einen Satz gemeinsamer Werte geben und Anreize müssen teambasiert sein. Es wird davon ausgegangen, dass Fehler passieren, und diese Fehler werden toleriert.

■ *Transfer des Gelernten:*
Wissensgenerierung im Team reicht nicht aus, um am Markt erfolgreich zu sein. Das hart erkämpfte Wissen muss im Unternehmen geteilt werden. Das Unternehmen kann z.B. neue Teams gründen mit erfahrenen Teammitgliedern. Projektpraktiken, die bei der Arbeit entdeckt werden, können als Standardpraktiken im Unternehmen etabliert werden. Gleichzeitig ist das Verlernen genauso wichtig wie das Lernen. Der Markt ändert sich schnell und alte Arbeitsweisen funktionieren möglicherweise nicht mehr. Das Management stellt neue Anforderungen, die sicher nicht mit den alten Arbeitsweisen erfüllt werden können.

Wir haben herausgefunden, dass die folgenden Praktiken ebenfalls die Softwareentwicklung verbessern:

■ *Menschen:*
Menschen sind dann am produktivsten, wenn sie sich selbst managen. Menschen nehmen ihre eigenen Zusagen ernster als Zusagen, die andere für sie abgegeben haben. Menschen haben viele kreative Momente, wenn sie gerade nicht mit Hochdruck arbeiten. Menschen geben immer ihr Bestes. Unter höherer Belastung reduzieren Menschen automatisch immer mehr die Qualität.

■ *Menschen in Teams:*
Teams und einzelne Menschen leisten die beste Arbeit, wenn sie nicht unterbrochen werden. Teams verbessern sich dann am stärksten, wenn sie ihre eigenen Probleme lösen. Breit gefächerte, persönliche Face-to-Face-Kommunikation ist die produktivste Art der Zusammenarbeit im Team.

■ *Teamzusammenstellung:*
Teams sind produktiver als die gleiche Anzahl an Individuen. Produkte sind robuster, wenn das Team alle interdisziplinären Fähigkeiten besitzt, die für die Arbeit notwendig sind. Änderungen an der Teamzusammensetzung reduzieren häufig die Produktivität für eine Weile.

Auch wenn wir es besser wissen

Auch wenn der vorhersagende Wasserfallprozess in ernsten Schwierigkeiten steckt, versuchen viele Leute und Organisationen weiterhin, ihn zum Funktionieren zu bringen. Wir haben uns 2005 mit dem Chief Technology Officer (CTO) von Marks and Spencer (ein Einzelhandelsunternehmen aus Großbritannien) sowie seinen Mitarbeitern getroffen, um Empirie und Scrum zu diskutieren. Er hatte gerade seinen ganzen Entwicklungsprozess aktualisiert und eine komplette Methodensammlung, Werkzeuge, Training und Implementationsunterstützung bei PricewaterhouseCoopers (PWC) – einem internationalen Beratungsunternehmen – eingekauft. Der PWC-Ansatz war vorhersagend: Wasserfall.

Aber der CTO war neugierig und wollte den empirischen Ansatz verstehen. Als wir ihm den Prozess erklärten, war er sichtlich begeistert. Er unterbrach uns und erzählte, dass sein Unternehmen bereits Empirie verwendete. Immer, wenn eines der großen Entwicklungsprojekte mit dem PWC-Ansatz Probleme bekam, stoppten sie das Projekt. Dann benutzten sie den empirischen Ansatz, um das Projekt wieder auf den richtigen Weg zu bringen – manchmal nutzten sie den Ansatz bis zum Projektabschluss. Er sagte, das wäre ihr »Ass im Ärmel«, mit dem sie schwierige Situationen meistern könnten.

Wir fragten ihn, was er täte, nachdem der empirische Ansatz ein Projekt gerettet hätte. Ohne die Ironie zu bemerken, erzählte er uns, dass sie dann zu dem offiziellen PWC-Ansatz zurückkehren würden. Zu wissen, wie man etwas tut, bedeutet nicht, dass man es außerhalb eines Notfalls auch tun darf.

Agilität

Mit zunehmender Komplexität unserer Welt entstehen auch viel mehr Chancen für Unternehmen. Jeder Unternehmer und jeder Geschäftsmann mit dem Herzen eines Unternehmers träumt davon, eine solche Chance zu seinem Vorteil zu nutzen. Dazu muss er herausfinden, was möglich ist, welche Kosten entstehen können und mit welchen Risiken zu rechnen ist. Wenn die Risiken akzeptabel sind, wollen Unternehmer Schritt für Schritt, aber so schnell wie möglich vorgehen, um die Chancen zu nutzen. Trotz aller Anstrengungen zur Risikokontrolle können die Dinge außer Kontrolle geraten. Wagemutige Vorsicht oder vorsichtiger Wagemut ist wünschenswert. Wir nennen die Fähigkeit, aus einer Chance einen Vorteil ziehen zu können, *Agilität*. Agilität kann man messen in der Fähigkeit, erfolgreich Vorteile aus Chancen zu ziehen. Mit Agilität können wir sofort kühne Initiativen starten und unsere Risiken unter Kontrolle halten. Wir können unseren Mitbewerbern die Tränen in die Augen treiben und wir können unsere neuen Kunden begeistern.

Agilität ist die Fähigkeit, Vorteile aus Chancen zu ziehen oder Herausforderungen mit beherrschbarem Risiko zu meistern. Es ist heute der wichtigste Wettbewerbsvorteil. Wir genießen diesen Vorteil und kontrollieren unsere Risiken, indem wir alle unsere Projekte auf 30 Tage oder weniger beschränken.

So können wir Ideen ausprobieren, ohne es später zu bereuen. Wir wissen sehr früh, ob sie zu kostspielig, unrealistisch oder unmöglich sind, und wir können sie beenden, ohne weiteres Geld zu investieren.

Zusammenfassung

Wir müssen in der Lage sein, Vorteile aus sich bietenden Chancen zu ziehen, und wir müssen effektiv auf Herausforderungen reagieren können. Wir müssen mehr Ideen ausprobieren, unsere Meinungen ändern dürfen und die beste Lösung sich entwickeln lassen. Wenn Sie eine Chance sehen oder eine Initiative starten wollen, können Sie nicht nur Ihre Ziele erreichen, sondern sie auch verfeinern, um nur die wertvollste Funktionalität zu liefern. Mit mehr Kontrolle und einem schnelleren, risikoarmen Prozess können Sie etwas in 30 Tagen zum Fliegen kriegen und dann schrittweise verbessern.

Empirische Softwareentwicklung mit iterativ-inkrementellen Praktiken gibt es seit über 20 Jahren. Durch die zeitbegrenzten Inkremente können Sie Risiken sehr genau beherrschen. Es wird Transparenz hergestellt durch die Lieferung vollständiger Inkremente mit wertschöpfender Funktionalität binnen 30 Tagen (oder weniger), sodass Verschwendung minimiert werden kann. Wir haben die Flexibilität (oder Agilität), die Anwendung so zu modifizieren, dass sie die sich herausbildenden Anforderungen besser erfüllt und sich dadurch die Anwendbarkeit des Systems deutlich erhöht. Wir machen uns nicht länger Sorgen um den Projektfortschritt. Wir machen uns nicht länger Sorgen darum, ob wir unsere Zusagen einhalten können. Wir machen uns nicht länger Sorgen, dass wir um mehr Budget bitten müssen. Wir sind nicht länger abhängig von abstrakten Fortschrittsinformationen wie Gantt-Charts oder Prototypen. Wir wissen mindestens alle 30 Tage genau, wo wir stehen bzgl. Wertschöpfung und Zeitplan.

3   Versuchen Sie es selbst: der Pilot

Wenn Sie immer noch interessiert sind, ist jetzt der richtige Zeitpunkt, zu prüfen, ob der empirische Prozess Ihre Probleme löst und Ihren Anforderungen entspricht. Jetzt ist der Zeitpunkt für das Pilotprojekt – eine übersichtliche Vorabstudie – gekommen, um Machbarkeit, Zeit, Kosten und auch unangenehme Nebenwirkungen zu bewerten. In diesem Kapitel zeigen wir Ihnen Folgendes:

1. Wie man eine Pilotstudie mit dem neuen Ansatz zur Softwareentwicklung durchführt.
2. Welche Informationen man aus dem Piloten gewinnen kann.
3. Wie es für andere funktioniert hat, die es ausprobiert haben (die Probleme, auf die sie gestoßen sind und adressieren mussten).

Das Pilotprojekt wird nicht von alleine zum Erfolg. Ihr Beitrag ist wichtig. In diesem Kapitel beschreiben wir, was Sie tun müssen, um zum Erfolg beizutragen – Schritt für Schritt. Wir liefern hier eine ausführlichere Beschreibung und einige Beispiele; diese können Sie auch später lesen, wenn das Pilotprojekt bereits läuft.

Der Prozess zur Durchführung des Piloten ist einfach:

1. Bilden Sie das Team.
2. Finden Sie heraus, was Sie vom Pilotprojekt wollen.
3. Erledigen Sie einen kleinen Ausschnitt davon, und zwar komplett.
4. Finden Sie heraus, was Sie als Nächstes tun wollen.
5. Ermitteln Sie, was verbessert werden kann, und verbessern Sie es.
6. Fahren Sie mit den Schritten 3 bis 5 fort, bis Sie mit dem Ergebnis zufrieden sind.

Bevor Sie anfangen, überlegen Sie, was es für Sie bedeutet, wenn der Pilot erfolgreich ist, und was es bedeutet, wenn er fehlschlägt. Wie viel Zeit und Geld sind Sie bereit in etwas zu investieren, das für Sie nicht funktioniert, bevor Sie aufgeben? Was werden Sie tun, wenn wertschöpfende Funktionalität Inkrement für Inkrement geliefert wird und Sie fortfahren möchten? Am Ende des Piloten werden Sie wissen, ob Sie empirische Softwareentwicklung in einem größeren Umfang anwenden wollen. Natürlich werden Sie außerdem die Software haben, die im Pilotprojekt entwickelt wurde.

Empirie wird woanders im Unternehmen verwendet

Bevor man startet, sollte man sich darüber klar werden, dass der empirische Prozess wahrscheinlich bereits in anderen Unternehmensteilen verankert ist. Er wird nur für die Softwareentwicklung neu sein. Die typische Vertriebsorganisation nutzt beispielsweise Empirie in ihrem Jahreszyklus. Zuerst wird dort ein Jahresplan erstellt, in dem die Verkäufe für das Jahr prognostiziert werden. Auf Basis der vorbereiteten Abschlüsse und Kunden werden die Verkäufe in die Zukunft projiziert unter Angabe der Umsatzquellen. Für die ersten Monate des Jahres sind die Interessenten gut bekannt und die Schritte hin zum Verkaufsabschluss sind klar. Bekannte Interessenten, die vermutlich kaufen, werden in die Vorhersage für das zweite Quartal aufgenommen. Dann werden Ideen, Kontakte und Kaufmotive identifiziert. Die Projektion für die zweite Jahreshälfte ist vage und enthält Ideen, Chancen und Vertragserneuerungen.

Mit Fortschreiten des Jahres aktualisieren die Vertriebsmanager kontinuierlich die Pipeline. Wahrscheinliche Umsätze werden jeweils für die nächsten zwei oder drei Monate identifiziert, während der Plan für den Rest des Jahres vage bleibt. Jeden Monat werden die erreichten Verkäufe, Änderungen an kommenden Verkäufen und die Prognosen begutachtet. Zukünftige Vertriebsaufwände werden entsprechend angepasst. Der Prozess läuft wie folgt:

1. *Das Team bilden.*
   Die Vertriebsmannschaft trifft sich. Es wird diskutiert, wie es dem Unternehmen geht und wie der Wettbewerb aussieht. Außerdem werden die Vertriebler über die neuen Produkte informiert,

2. *Herausfinden, was man tun will.*
   Die Verkaufspipeline für das Jahr wird prognostiziert mit Verkaufszielen und Umsätzen. Die Projektion hat dabei eine abnehmende Genauigkeit. Verkaufsgebiete und Verkaufszahlen werden zugewiesen.

3. *Einen kleinen Teil vollständig erledigen.*
   Es wird für einen Monat verkauft und dann sieht man, was passiert ist und welche Auswirkungen dies für die Verkaufspipeline in der Zukunft hat.

4. *Herausfinden, was man als Nächstes tun möchte.*
   Die Pipeline wird aktualisiert und die Aufwände für die kommenden Monate werden neu ausgerichtet.

5. *Mit der Arbeit und dem Auswerten fortfahren.*
Diese Schritte werden jeden Monat ausgeführt.

Eine Vertriebsorganisation würde niemals auf die Idee kommen, einen vorhersagenden Prozess einzusetzen. Man weiß schlicht zu wenig und es werden zu viele Änderungen auftreten, als dass man das Jahr zu Beginn komplett durchplanen könnte.

Ein beispielhaftes Pilotprojekt

Wie wir bereits ausgeführt haben, ist eine Pilotstudie eine kleine Vorabstudie, um Machbarkeit, Zeit, Kosten und Problemfälle bewerten zu können. Das Ziel ist, herauszufinden, ob der empirische Prozess Ihnen bei der Softwareentwicklung helfen kann. Wir empfehlen, dass Sie für den Piloten etwas auswählen, das Sie vor ernsthafte Probleme stellt. Es sollte verzwickt oder schwierig sein oder es sollte sich um etwas handeln, bei dem Sie sich unsicher sind.

Das folgende Beispiel eines Pilotprojekts kann als Modell für Ihren eigenen Piloten dienen. Ein Finanzunternehmen in Ohio verwaltet viele Investmentfonds für verschiedene Sektoren und Kunden. Die meisten Kunden verwalten ihr Kapital über ein Onlineportal. Ein hochrangiger Manager des Finanzunternehmens besaß ein Smartphone und hatte darauf verschiedene Apps verwendet, z.B. eine App zum Bezahlen von Rechnungen. Er fragte sich, ob eine App für Kunden nützlich wäre, mit der diese den Großteil ihrer Finanzgeschäfte über ein Smartphone erledigen könnten. Er dachte sich, dass so eine App zu mehr Aktivität der vorhandenen Kunden führen könnte. Wenn man die App ankündigen und liefern könnte, bevor die Konkurrenz ähnliche Produkte entwickelt hätte, könnte die App sogar zusätzliche Kunden anlocken.

Er diskutierte seine Idee mit den IT-Experten und bat um ihre Hilfe. Ihnen gefiel die Idee und sie waren daran interessiert, sie zu untersuchen; sie wollten ohnehin Kompetenzen im Mobilbereich aufbauen. Die IT schlug vor, zunächst die Anforderungen für die App zu erheben. Sie schätzten, dass dies fünf oder sechs Monate dauern würde. Wenn die Anforderungen feststünden, könnten sie Kosten und Zeitplan definieren. Fünf Analysten und ein Projektmanager waren vorgesehen, um die Anforderungen zu definieren.

Der Manager hätte für diese erste Phase 500.000 $ investieren müssen – eine Menge Geld, um nur eine Beschreibung dessen zu bekommen, was er wollte. Die Kosten für die Softwareentwicklung waren immer noch unbekannt und würden wahrscheinlich das Vielfache der Kosten der ersten Phase betragen. Bei dieser Projektgröße müsste er einen Projektantrag bei seinen Chef, der Finanzabteilung und der IT (für die Zeitplanung) einreichen. Niemand würde ein so großes Risiko eingehen und so viel Geld investieren, ohne davon überzeugt zu sein, dass sich die Idee rechnen würde.

Ein Pilot würde herausfinden, ob sich die Unternehmung rechnen würde. Mit empirischer Softwareentwicklung könnte der Manager dies schnell feststellen. Er würde außerdem den wichtigsten Teil der App im Piloten entwickeln lassen. Er schätzte, dass er nur drei Iterationen für die Softwareentwicklung benötigen würde. Er würde drei Softwareentwickler einsetzen mit einem Budget von 125.000 $ und er würde als Sponsor des Projekts fungieren.

Um die Freigabe für das Pilotprojekt zu bekommen, bereitete er eine Präsentation vor. Er ging damit zu seinem Chef, den Managern seines Bereiches und dem IT-Steuerungsgremium. Er diskutierte auf Basis seiner Präsentation mit ihnen, was er tun wollte. Die erste Folie benannte den Zweck des Piloten: herausfinden, ob die Smartphone-App eine lohnenswerte Investition für das Unternehmen ist. Er zeigte, wie sich die App in die Geschäftsstrategie einbetten würde. Er erklärte kurz den empirischen Prozess für Softwareentwicklung – wie er funktioniert und warum er ihn ausprobieren wollte. Er erläuterte, warum der Ansatz nicht im Widerspruch zu der technologischen Strategie des Unternehmens stehe. Dann beschrieb er den Rest des Projekts. Er sagte, ein Ergebnis des Piloten könne eine funktionsfähige App sein, die man dann weiterentwickeln könne. Die vollständigen Kosten für die App könnte man extrapolieren aus den Daten des dreimonatigen Pilotprojekts. Er und das Unternehmen als Ganzes würden außerdem lernen, ob empirische Softwareentwicklung im Unternehmen funktionieren kann.

Der Sponsor integrierte die Anmerkungen aus den Diskussionen in seinen Plan. Er nahm einen IT-Projektmanager, der bereits Erfahrungen mit iterativ-inkrementeller Softwareentwicklung hatte, in seinen Plan auf – als Pilotmanager. Dadurch stieg das Budget auf 175.000 $, aber es würde der IT-Abteilung helfen, empirische Softwareentwicklung zu evaluieren. Der Pilotmanager würde dem Team bei der Anwendung des empirischen Prozesses helfen. Wenn er freie Zeit verfügbar hätte, könnte er dem Team beim Testen der Software helfen.

Der Sponsor bekam die Freigabe für das Projekt unter der Auflage, dass die Stakeholder seines Geschäftsbereiches und der IT den Projektfortschritt monatlich mit ihm und dem Team begutachten könnten.

Das Team bilden

Nachdem der Pilot genehmigt war, bildete der Sponsor zuerst das Team mithilfe des Pilotmanagers. Seine erste Entscheidung war, dass die Entwickler aus der IT-Abteilung stammen und nicht externe Entwickler zum Einsatz kommen sollten. Dann klarten sie, wer für die Mitarbeit im Pilotprojekt geeignet wäre. Wenn sie Teammitglieder anheuern würden, die keine guten Entwickler waren, würden sie vielleicht feststellen, dass sie gar kein Software-Inkrement herstellen könnten. Das wäre immer noch besser, als dies am Ende eines 12-monatigen Wasserfallprozesses herauszufinden, aber es würde das Pilotziel nicht unterstützen. Wenn sie die besten Entwickler des Unternehmens im Team hätten, könnten sie Software-Inkremente bauen. Die besten Entwickler würden unter allen Umständen einen Weg zum Erfolg finden. Also wählten sie Entwickler aus der IT-Abteilung aus, die folgende Qualifikationen aufwiesen:

1. Sie wussten, wie man Software mit den im Piloten eingesetzten Technologien entwickelt.
2. Zusammen besaßen sie alle Fähigkeiten, die notwendig waren, komplette Software-Inkremente zu entwickeln.
3. Sie hatten ein grundlegendes Verständnis iterativ-inkrementeller Entwicklung. Mindestens ein Teammitglied sollte bereits Software mit diesem Ansatz entwickelt haben und die anderen anleiten können.
4. Die Teammitglieder sollten Freiwillige sein und nicht dem Projekt zugewiesen werden.
5. Sie sollten enthusiastisch sein.

Der Pilotmanager unterstützte den Sponsor dabei, eine angemessene Umgebung für die Durchführung des Piloten bereitzustellen. Da die Entwickler die Ideen des Sponsors in Software überführen sollten, wurden sie direkt neben seinem Büro platziert. Der Pilotmanager empfahl außerdem Folgendes:

1. Der Arbeitsbereich des Teams sollte so eingerichtet sein, dass die Teammitglieder sich sehen und hören und so sehr eng miteinander arbeiten können. Das würde ihnen helfen, effektiv zu kommunizieren und Missverständnisse schnell festzustellen und zu beseitigen. Der Arbeitsbereich sollte offen gestaltet sein ohne störende Wände.
2. Flipcharts und Whiteboards im Arbeitsbereich sollten es den Teammitgliedern erleichtern, Optionen zu visualisieren und Ideen zu diskutieren. Der Arbeitsbereich müsste nicht besonders schick sein. Es sollte aber die Möglichkeit für die Teammitglieder geben, während des Piloten ihre Sachen dort zu lassen.
3. Die Teammitglieder sollten in Vollzeit an dem Pilotprojekt arbeiten, weil Teilzeit-Teammitglieder möglicherweise gerade dann nicht da sind, wenn sie von ihren Kollegen gebraucht werden. Selbst wenn sie anwesend wären, wären sie häufig durch andere Arbeit abgelenkt.
4. Jeder würde seine reguläre Arbeitszeit arbeiten. Anforderungen in benutzbare Software-Inkremente umzuwandeln bedeutet, viele Probleme zu lösen. Dadurch, dass man die Teammitglieder nach Ablauf der regulären Arbeits-

zeit nach Hause schickt, gibt man ihrem Unterbewusstsein Zeit, sich mit den Problemen zu beschäftigen. Dadurch entstehen neue Ansätze, und Fehler in bisherigen Ansätzen werden aufgedeckt.

Der Sponsor bildete schließlich ein Team, das aus ihm, dem Pilotmanager und drei Softwareentwicklern bestand.

Botschaften, die Teammitglieder anlocken

Manchmal ist es schwierig, gute Entwickler zu bekommen. Man hat mitunter Schwierigkeiten, Leute zu werben, wenn diese nicht verstehen, was an dem Projekt attraktiv für Entwickler sein kann. Jeder, der mit dem Team arbeitet, muss den Zweck und den Inhalt des Pilotprojekts verstehen. Sehen wir uns ein Beispiel dazu an:

Curaspan entmutigt potenzielle Mitarbeiter

Curaspans Onlinesoftware wird im Krankenhausbereich verwendet, um die korrekte Übermittlung der Patientendokumentation von der Krankenhausentlassung zur Rehabilitation oder anderen langfristigen Betreuungseinrichtungen zu gewährleisten. Curaspan steckte in Problemen: Ihre Software war mehr als 10 Jahre alt. Die Performance des Systems wurde inakzeptabel langsam und jeder im Unternehmen war damit beschäftigt, Anrufe beim Kundenservice zu beantworten.

Curaspan stellte Edwin Miller als Leiter des Produktmanagements ein. Er hatte mehrere Unternehmen mithilfe empirischer Softwareentwicklung verändert. Curaspans Topmanager erwarteten, dass er dasselbe bei ihnen tun würde. Edwin Miller begann, Entwickler für die nächste Generation der Curaspan-Software anzuheuern. Er wandte sich an die üblichen Verdächtigen: alte Freunde, Leute, die in der Industrie bekannt waren, und Personalvermittler. Er sichtete die Bewerbungen und lud die richtigen Leute zu Bewerbungsgesprächen ein. Edwin Miller machte einer Reihe von Kandidaten Angebote, aber keiner akzeptierte.

Das Problem war, dass die Führungskräfte und Entwickler bei Curaspan nicht davon überzeugt waren, dass der empirische Ansatz der richtige wäre. Sie verstanden ihn auch nicht wirklich. Das Fehlen strategischen Commitments, das Desinteresse an der Arbeit, die die Leute erledigen würden, und die Antipathie gegenüber dem empirischen Prozess verschreckte die Kandidaten. Selbst in der schlimmsten Rezession haben gute Entwickler andere Alternativen.

Wenn Sie mit etwas experimentieren, was Sie vorher noch nicht gemacht haben, brauchen Sie eine klare Botschaft für diejenigen, die sie anheuern wollen (intern oder extern). Legen Sie die Chancen dar und was sie zur Unterstützung tun werden. Aber erläutern Sie auch die Risiken.

Zusammenführen der Teammitglieder bei Iron Mountain

Iron Mountain Digital ist ein 1,3 Mrd. $ schweres Datenmanagementunternehmen, das mit seinem LiveVault-Produkt Offsite-Datenspeicher anbietet. 2006 hatte LiveVault Probleme. Seit mehr als 12 Monaten war kein neues Release veröffentlicht worden. Einzelne Mitarbeiter bei LiveVault hatten vom empirischen Entwicklungsprozess Scrum gelesen. Es wurde aber weiterhin der alte Entwicklungsprozess verwendet. In Unkenntnis der Schwierigkeiten verhandelte das Marketing im Juni 2007 einen Vertrag mit Microsoft. Microsoft bot seinen Kunden eine Software an, die regelmäßige Backups auf ihren Servern erstellte. Die Backups wurden auf lokalen Servern gespeichert und Microsoft wollte eine Lösung anbieten, bei der die Backups auf entfernten Servern gespeichert wurden – auf Basis von LiveVault.

Als Produktmanager schloss Paul Luppino den Vertrag mit Microsoft ab, der zur Folge hatte, dass ein neues Release von LiveVault entwickelt werden musste. Der Vertrag legte fest, dass Microsoft seinen Kunden die neue Backup-Lösung im Februar 2008 anbieten könne. Iron Mountain bat Paul Luppino, die Verantwortung als Programmmanager dafür zu übernehmen. Das Produkt sollte von Iron Mountain in Southborough, Massachusetts entwickelt werden. Microsofts Entwickler für das Projekt saßen in Bangalore, Indien, das Microsoft-Produktmanagement in Redmond, Washington und Paul Luppino in Southborough. Das Release musste in sechs Monaten fertiggestellt sein.

Paul Luppino stand mit dem Rücken zur Wand und seine Aufgabe wurde dadurch erschwert, dass er Teams und Unternehmen an verschiedenen Standorten hatte. Paul Luppino hatte verschiedene Partner, ein Commitment seines Unternehmens, ein Lieferdatum, verteilt arbeitende Entwickler und eine lange Liste von Fehlschlägen.

Paul Luppino hatte von Scrum gehört und organisierte Schulungen für alle Projektbeteiligten in Iron Mountain. Zur selben Zeit begann er mit Entwicklungsiterationen. Paul Luppino wusste nicht, welche Probleme genau bei Iron Mountain existierten. Er wusste, wenn er zunächst alles untersuchen und daraus einen Plan ableiten würde, dann könnten Monate vergehen. Wenn er aber sofort mit der Entwicklung beginnen würde, würde er sehr schnell mit den tatsächlichen Problemen konfrontiert werden. Die Iterationen würden ihn und Iron Mountain innerhalb von 30 Tagen wissen lassen, ob sie in Schwierigkeiten steckten oder das Projekt machbar war.

Jeder kämpfte mit der geografischen Entfernung zwischen den Teams. Videokonferenzen waren kostspielig, Skype funktionierte nicht gut genug und Reisen war zu teuer. Jeder koordinierte seine tägliche Arbeit über tägliche Meetings (mit sehr teuren Videokonferenzen, E-Mail und Social-Media-Werkzeugen wie Wikis).

So verbanden sich die Iron Mountain-Entwickler in Massachusetts, die Microsoft-Entwickler in Indien und Microsofts Produktmanager in Washington, um den jeweiligen Fortschritt zu überprüfen und die kommende Arbeit entsprechend einzuplanen. Alle Manager inspizierten den inkrementellen Fortschritt alle 30 Tage. Zuerst begutachteten alle Standorte das komplette Inkrement und dann diskutierten sie in Telefonkonferenzen den Fortschritt sowie festgestellte Probleme und planten die nächste Iteration. Trainings halfen den Beteiligten, sich effektiver zu organisieren. Paul Luppino ließ die Arbeitsumgebung bei Iron Mountain so ändern, dass die Entwickler produktiver und effizienter arbeiten konnten. Verschwendung durch unkoordinierte Arbeit wurde eliminiert. Verschwendung durch manuelles Testen, wenn automatisiertes Testen möglich war, wurde ebenfalls beseitigt. Das Topmanagement bei Iron Mountain begeisterte sich für die neue Art der Entwicklung bei LiveVault. Es wurden neue Marketing- und Vertriebsprogramme aufgelegt und in den nächsten sechs Monaten gab es drei zusätzliche Releases.

Herausfinden, was man tun will

Beim in Ohio ansässigen Finanzunternehmen hatte der Sponsor sein Entwicklungsteam in einer offenen Arbeitsumgebung in der Nähe seines Büros platziert. Er teilte seine Ideen zu der App direkt den Entwicklern mit. Er sagte, dass er empirische Softwareentwicklung evaluieren wolle, um herauszufinden, ob sie damit schnell Software entwickeln könnten. Die Teammitglieder investierten einen Tag, um sich gegenseitig kennenzulernen. Sie untersuchten, wie die App aussehen könnte, und wählten ein erstes Look&Feel für die Benutzungsoberfläche. Sie bewerteten die Anforderungen an Sicherheit, Performance und Stabilität der App. Sie schrieben auf, was die App leisten würde, wenn sie fertiggestellt wäre, und was sie glaubten, in drei Monatsiterationen schaffen zu können.

Das Team entschied, dass sie drei Dinge in der ersten Monatsiteration herausfinden müssten, um festzustellen, ob die App machbar wäre:

1. Können wir mit dieser Technologie eine App bauen?
2. Kann die App mit der existierenden Portalfunktionalität kommunizieren, ohne auf die Benutzungsoberfläche des Portals zugreifen zu müssen?
3. Wie sieht die App grob aus?

Die Teammitglieder wählten die Funktionalität aus, die implementiert werden musste, um ihre Fragen zu beantworten. Das Minimalziel für die erste Iteration bestand darin, eine Login-Oberfläche zu bauen, die einfach jede User-ID zurückweisen würde. Wenn möglich sollte das Einloggen auch vollständig funktionieren und ein Zugriff auf die Portalfunktionalität erfolgen.

Die fünf Teammitglieder hatten vorher nie eng zusammengearbeitet. Sie hatten außerdem niemals an einem vergleichbaren System mit den ausgewählten Technologien gearbeitet. Sie hatten viele Ideen, aber auch Bedenken. Es wurde schnell klar, dass das Team eine andere Art der Zusammenarbeit finden musste, als sie es bisher gewohnt waren. Der Druck, ein vollständiges Inkrement in der Iteration zu entwickeln, erhöhte den Stress zusätzlich.

Eine wegweisende Diskussion ist eine, die von etwas Wichtigem handelt und in der starke Gefühle eine Rolle spielen. Diese Diskussionen finden nur statt, wenn sich alle sicher und respektiert fühlen. Jeder sollte sich so sicher fühlen, dass er eine abweichende Meinung vertreten kann mit dem Ziel, die beste Lösung zu finden. Der Pilotmanager hatte das vorher bereits durchlebt. Er half dem Team, Vereinbarungen für echte Teamarbeit zu finden. Dazu gehörte, dass man Ideen der anderen nicht abwertete oder sie verunglimpfte. Ohne diese und weitere Regeln, die sich später herausbildeten, wäre die enge Zusammenarbeit des Teams in der offenen Arbeitsumgebung sehr schwierig geworden.

Einen kleinen Teil vollständig erledigen

Die erste Aufgabe des Fachbereiches bestand darin, sich zu überlegen, wie die Software aussehen sollte. Der nächste Schritt war die Planung der Umsetzung in laufende Software.

Das Team entschied, dass sie jeden Tag eine Bestandsaufnahme bzgl. des Fortschritts in der Iteration machen wollten. Sie wollten begutachten, was sie erledigt hatten und welchen Problemen sie begegnet waren. Dann würden sie darüber entscheiden, was die wichtigste Arbeit für den nächsten Tag wäre.

Jeden Tag fügten die Teammitglieder weitere Puzzleteile zusammen. Sie verbanden die App über das Betriebssystem des Smartphones mit der Portalsoftware. Sie lernten, die Kommunikationsprotokolle zwischen Smartphone und Portalsoftware zu beherrschen. Sie fanden heraus, wie sie die Login-Funktionalität der Portalsoftware nutzen konnten. Der Manager und der Pilotmanager sorgten dafür, dass sie Sicherheit, Stabilität und Performance nicht aus den Augen verloren. Die Teammitglieder erstellten Tests, um die geforderten Eigenschaften zu prüfen, und modifizierten die App, sodass sie die Tests bestand.

Eine Randnotiz: Es gab andere Leute in der IT-Organisation, die bei den Teammitgliedern um Hilfe baten. Sie kamen in den offenen Arbeitsbereich des Teams und unterbrachen die Arbeit der Teammitglieder. Der Pilotmanager sagte ihnen, dass sie das Team in Ruhe arbeiten lassen und ihre Probleme anders lösen müssten.

Auch wenn es nur wenige Unterbrechungen sind, kann die Effektivität des Teams dadurch um mehr als 50 % reduziert werden. Der Sponsor wusste, dass er verantwortlich war, herauszufinden, ob empirische Softwareentwicklung funktionierte, und er wollte seine Chancen nicht durch Ablenkungen und Unterbrechungen gefährden.

Herausfinden, was man als Nächstes tun möchte

Das Team hatte am Ende der ersten Iteration einen Teil der gewünschten Software für die App entwickelt. Jeder konnte die App auf ein Smartphone laden und sie starten (was eine Verbindung zum Portal initiierte). Als Ergebnis sahen sie dasselbe Login, das sie auch bei direkter Benutzung des Portals zu sehen bekamen. Die Software war stabil und erfüllte alle Anforderungen. Sie war professionell entwickelt und konnte einfach und sicher erweitert werden. Auch wenn die Teammitglieder gehofft hatten, mehr Funktionalität fertigstellen zu können, waren sie genauso wie der Sponsor mit dem Ergebnis zufrieden.

Der Sponsor arrangierte ein vierstündiges Meeting am Ende der Iteration, um das Ergebnis zu begutachten. Verschiedene andere Mitarbeiter aus der Investmentfonds-Abteilung und einige der IT-Manager nahmen ebenfalls teil. Mit ihrer Hilfe bewerteten der Sponsor und das Team, wie gut empirische Entwicklung für sie funktioniert hatte. Sie diskutierten das strikte Fernhalten von Unterbrechungen und kamen zu der Überzeugung, dass dieser Schritt notwendig war. Sie sahen sich außerdem das Design der App an und wie sie sich mit der Portalsoftware verband. Es wurden verschiedene Verbesserungen angeregt. Die anderen Business-Manager hatten einige Vorschläge für das Look&Feel der App.

Gegen Ende des Meetings brachte der Pilotmanager die Frage auf den Tisch, ob sie mit den beiden folgenden Iterationen fortfahren sollten. Einige Teilnehmer des Meetings vertraten die Ansicht, dass man bereits genug gelernt hätte und der Pilot daher beendet werden könne. Der Fonds-Manager stimmte mit dieser Einschätzung nicht überein. Er und die Mehrheit der Anwesenden wollten weitermachen. Sie wollten sehen, ob der empirische Entwicklungsprozess auch weiterhin funktionieren würde. Außerdem wollten sie, dass die Smartphone-App weiterentwickelt wird.

Es gab auch kritische Stimmen beim Meeting. Sie erinnerten die Entwickler daran, dass sie eigentlich das Login vollständig entwickeln wollten und dies nicht geschafft hätten. Sie sagten den Entwicklern, dass sie sehr enttäuscht wären. Der Sponsor wies darauf hin, dass das Projekt Neuland sei und die Teammitglieder vieles erst erforschen und herausfinden müssten. Sie hätten während der Iteration ihr Bestes gegeben und neue Fähigkeiten und Wissen erworben.

Die Diskussion wandte sich dann dem Unterschied zwischen dem traditionellen vorhersagenden und dem empirischen Prozess zu. Der Sponsor erklärte mit Unterstützung durch den Pilotmanager, dass es beim empirischen Ansatz darum ginge herauszufinden, was möglich ist und erreicht werden kann. Wenn alle das Ergebnis einer Iteration sehen, können sie das nächste Arbeitspaket planen. Er erinnerte die Anwesenden daran, dass sie nach nur einer Iteration bereits funktionierende Software hätten. Außerdem hätten sie wertvolle Anhaltspunkte über die Machbarkeit des ganzen Projekts gewonnen. Und nicht zuletzt hätten sie jetzt laufende Software, über die sie mit Kunden sprechen könnten. Der Sponsor hatte einen Baustein seiner Software bekommen, auf dem er aufbauen konnte. Wenn er das Projekt wie zunächst geplant mit dem vorhersagenden Ansatz gestartet hätte, hätte er zum gleichen Zeitpunkt lediglich die Dokumentation weniger Anforderungen aufweisen können.

Der Sponsor entschied, die App einigen seiner Kunden zu zeigen. Er wollte herausfinden, ob sie die App verwenden würden und wie wichtig die App für sie wäre. Er würde dann mit den Kunden während der Iterationen zusammenarbeiten und sie in die nächste Begutachtung integrieren, damit sie ihre Ansichten mitteilen könnten.

Herausfinden, was verbessert werden kann, und dies verbessern

Der Pilotmanager schlug vor, dass das Team auch den Verlauf der Iteration begutachtete – in einer Retrospektive. Er wollte, dass die Teammitglieder offen ihre Gefühle und Meinungen diskutieren sollten, um Verbesserungsvorschläge für die Zusammenarbeit und den Prozess zu erarbeiten. Basierend auf der Diskussion bat der Pilotmanager die Teammitglieder, Dinge vorzuschlagen, die sie in der nächsten Iteration anders machen wollten – Dinge, die ihre Arbeit und Effektivität verbessern würden.

Häufig werden in Retrospektiven Themen wie die folgenden diskutiert:

- *Sehr wenig Funktionalität entwickelt.*
  Ein Entwicklungsteam sollte stets danach streben, mindestens eine geschäftliche Funktion zu liefern – egal wie klein. Trotzdem entwickelt das Team manchmal sehr wenig oder gar keine benutzbare Funktionalität in einer Iteration. Vielleicht mussten sie viel Aufwand in Technologien, Architektur und Automatisierungen stecken, um eine erste Funktionalität entwickeln zu können. Diese Zeit steht dann natürlich nicht für die Entwicklung von Funktionalitäten zur Verfügung. Möglicherweise sind die Entwickler auch nicht gut genug, sodass die Entwicklungskosten nicht gerechtfertigt sind. Dann muss das Team eventuell weiter ausgebildet oder ausgetauscht werden.

▣ *Gelieferte Funktionalität zu weit entfernt von dem, was gewünscht war.*
Der Sponsor hätte feststellen können, dass die Entwickler nicht verstanden
haben, was er will. Er könnte herausfinden, dass er enger mit den Teammitgliedern arbeiten muss, um seine Vision und Anforderungen besser vermitteln
zu können. Wenn die Teammitglieder nur wenig Wissen über Apps oder
Fonds-Management hätten, müsste er mehr Zeit investieren, um mit ihnen zu
arbeiten. Oder er könnte nach neuen Teammitgliedern suchen.

▣ *Iteration wird als unkomfortabel empfunden.*
Die Mitglieder des Pilotteams fühlten sich vielleicht wie beim Erlernen eines
neuen Tanzes. Sie müssen möglicherweise noch herausfinden, wie sie auf eine
neue Art und Weise zusammenarbeiten können – sodass es sich besser anfühlt
und sie bessere Ergebnisse erzielen.

▣ *Teammitglieder arbeiten schlecht zusammen.*
Möglicherweise muss sich das Team mit der Art und Weise auseinanderset-
zen, wie es zusammenarbeitet. Man könnte einen externen Moderator hinzu-
ziehen, um dem Team zu helfen, besser miteinander zu kommunizieren und
bessere Entscheidungen zu fällen. Eventuell muss man die Zusammensetzung
des Teams ändern. Das bedeutet natürlich, dass das Team einen Teil der
bereits erworbenen Erfahrungen verliert.

Mit der Arbeit und dem Auswerten fortfahren

Ein Pilot erzeugt ein oder zwei nützliche Dinge. Zuerst ist da die Bewertung der
iterativ-inkrementellen Entwicklung für Ihr Unternehmen. Das Zweite könnte
die entwickelte Software sein, die benutzt werden kann und damit einen Wert
darstellt.

Die Bewertung betrifft nicht nur die Frage, ob der empirische Prozess generell
funktioniert. Wir wissen bereits, dass das der Fall ist. Die eigentliche Frage ist, ob
er in Ihrem Unternehmen funktioniert. Iteration für Iteration sammeln sich
Beweise dafür an, wie gut die Teams arbeiten, wie produktiv sie sind und was sie
Wertvolles in einer Iteration entwickeln können. Iteration für Iteration lernen wir
außerdem, wie gut die Organisation und die Entwickler sich auf iterativ-inkrementelle Entwicklung einstellen können. Wir lernen viel über die Fähigkeiten der
Entwickler. Wir finden heraus, ob sie fähig sind, etwas von Wert in einer Iteration
zu entwickeln. Wir sehen, ob sie als Team in der Lage sind, zielgerichtet etwas zu
schaffen, oder ob die Aufgabe sie überfordert.

Außerdem werden wir sehen, wo Reibungspunkte mit dem Rest der Organisation existieren, wenn iterativ-inkrementell entwickelt wird. Vielleicht besitzen
die Mitglieder des Teams begehrte und seltene Fähigkeiten und werden woanders

benötigt. Manchmal hat das Team so viele teamexterne Verpflichtungen, dass es kaum am Piloten arbeiten kann und die Produktivität einbricht.

Und trotzdem werden Sie häufig feststellen, dass Sie Iteration für Iteration schneller Software erstellen können, als Sie es gewohnt sind. Sie wünschen sich vielleicht, einen Weg durch die Probleme zu bahnen und etwas zu bauen, das angewendet werden kann. Dabei sollten Sie die Probleme, die Ihnen begegnen, nicht ignorieren. Sie bieten wertvolle Informationen für die Zukunft iterativ-inkrementeller Entwicklung in Ihrem Unternehmen.

Entlang abgeschlossener Iterationen entsteht ein Gesamtbild der Arbeit, die notwendig ist, um iterativ-inkrementelle Entwicklung in Ihrem Unternehmen zu etablieren. Der Wasserfallansatz versteckt die Schwachstellen im Unternehmen und ihre Auswirkungen auf die Softwareentwicklung. Wenn Sie 30-tägige Entwicklungszyklen anwenden, wird sichtbar, was auch im Wasserfallprozess schon nicht funktioniert hat. Das sind nützliche Erkenntnisse, die häufig gemeinsame Anstrengungen erfordern, um die notwendigen Verbesserungen zu bewirken. Teil 2 behandelt dieses Thema ausführlich.

Teammitglieder ändern ihre Arbeitsweise

Selbstorganisation

Im empirischen Prozess finden die Teammitglieder selbst heraus, wie sie die Anforderungen am besten in benutzbare Funktionalitäten umwandeln. Kein Manager sagt den Teammitgliedern, wie sie zu arbeiten haben. Die Teammitglieder kooperieren und koordinieren ihre Arbeit selbstständig. Sie führen jeden Tag ein kurzes Meeting durch, um ihre Arbeitsplanung zu aktualisieren. Sie passen ihre tägliche Arbeit an, um optimale Ergebnisse zu erzielen.

Selbstorganisation fühlt sich zunächst riskant an. Wenn die Teammitglieder zu lange brauchen, um sich selbst zu organisieren, kann der Fokus auf die Vision verloren gehen. Allerdings bleibt ein Team in der Regel fokussiert, wenn es in Iterationen von 30 Tagen oder weniger arbeitet. Denken Sie daran, dass Sie niemals mehr als 30 Tage Aufwand riskieren, um herauszufinden, was das Team schaffen kann.

Bei vorhersagender Softwareentwicklung werden Pläne von »Experten« erstellt und Projektmanager stellen sicher, dass die Mitarbeiter die ihnen zugewiesenen Aufgaben erledigen. Die Mitarbeiter müssen nicht kooperieren und auch nicht kreativ sein. Sie tun lediglich, was ihnen gesagt wird. Wenn Manager die Arbeit planen und dafür sorgen, dass die Arbeit plangemäß erledigt wird, wird das Potenzial der Mitarbeiter beschränkt durch die Intelligenz, die Vision, das

Organisationstalent etc. des Managers. Wenn sie auf Probleme oder unvorhergesehene Situationen stoßen, sind sie nicht bevollmächtigt, selbst zu entscheiden. In
der Vergangenheit wurden sie vielleicht sogar dafür bestraft, wenn sie eigenmäch-
tig gehandelt haben – insbesondere, wenn sie damit keinen Erfolg hatten. In so
einer Umgebung ist es unwahrscheinlich, dass Mitarbeiter das Risiko auf sich
nehmen, das entsteht, wenn man kreativ ist.

Selbstorganisation basiert auf der Idee, dass Softwareentwickler kompetente,
intelligente Menschen sind. Sie sind in der Lage, ein komplexes Leben außerhalb
ihrer Arbeit zu führen – wenn sie Autofahren, eine Familie gründen, einkaufen
etc. Wenn sie in der Timebox einer Iteration sich selbst überlassen werden, agieren sie verantwortungsvoll und geben ihr Bestes. Das Ergebnis ist die Summe der
Intelligenzen der Teammitglieder und das Inkrement entsteht aus ihrer Zusammenarbeit im Team.

Sehen wir uns ein weiteres Beispiel an: Sylvain Moussad ist ein Vice President
bei PTC und arbeitet direkt für Jane Wachutka. In seinem Produktbereich arbeiten mehr als 300 Softwareentwickler. Er war zunächst davon überzeugt, dass er
und seine Manager die Arbeit für die 50 Softwareteams planen müssten. Sie
ermittelten die passenden Leute für die anstehende Arbeit und bildeten die bestmöglichen Teams. Trotzdem waren die Teams nicht sehr produktiv.

Die Teamleiter sagten Sylvain Moussad, dass jedes Team Arbeit zugewiesen
bekommen hatte, die stark von der Arbeit anderer Teams abhing. Im Ergebnis
mussten 75 % der Zeit aller Teams investiert werden, um mit den Abhängigkeiten
umzugehen. Manchmal war die einzige Person, die eine anstehende Aufgabe erledigen konnte, in einem anderen Team. Sylvain Moussad bat seine Manager, die
beste Teamaufteilung und Arbeitsorganisation zu finden. So entstand ein System,
in dem die Teamleiter sich jeweils eine Iteration im Voraus mit den Anforderungen beschäftigten und in jedem Team die besten Entwickler für die Aufgaben
ermittelten, um eine spezifische Gruppe von Anforderungen umzusetzen.

Man mag sich fragen, wie so viele Leute sich selbst organisieren können. Man
kann sich aber auch fragen, wie nur ein Manager eine solche große Anzahl an
Personen managen kann. Sylvain Moussad konnte den Übergang zu mehr Selbstorganisation wagen, weil das Risiko kontrollierbar blieb. Er riskierte nie mehr als
30 Tage an Arbeit. Da der vorherige Ansatz nicht funktionierte, schien ihm ein
kontrolliertes Experiment das Risiko wert.

Cross-Funktionalität

Wenn sich ein Team selbst organisiert, werden die Teammitglieder vorzugsweise die Aufgaben bearbeiten, für die sie am besten qualifiziert sind. Dabei werden sie von den anderen Teammitgliedern unterstützt. Sie diskutieren zusammen, wie sie eine Anforderung umsetzen können, und dann trägt jeder seinen Teil dazu bei. Die Teammitglieder begutachten ihre Ergebnisse häufig, um sicherzustellen, dass sie alle am gleichen Strang ziehen und ein benutzbares Inkrement entwickeln.

Cross-Funktionalität steht im Widerspruch zu vorhersagendem Management, bei dem die Arbeit vorab detailliert geplant und Mitarbeitern mit den passenden Qualifikationen zugewiesen wird. Dieser Ansatz vermeidet Kooperation. Unserer Erfahrung nach erzielen Softwareentwickler dann die besten Ergebnisse, wenn sie all ihr Wissen gleichzeitig auf das Problem fokussieren. Ihr überlappendes Wissen ist größer als das individuelle Wissen, das eine Person alleine besitzt.

Zusammenfassung

Wir haben ein Pilotprogramm beschrieben, mit dem Sie herausfinden können, ob empirische Softwareentwicklung Ihnen helfen kann. Der Pilot hilft nicht nur dabei, Sicherheit zu gewinnen, bevor Sie weitermachen, sondern auch die Dinge aufzudecken, die Sie bei einer weiteren Einführung empirischer Softwareentwicklung adressieren müssen.

4   Was kann ich tun?

Sie haben Scrum ausprobiert. Sie haben sich vielleicht in Scrum verliebt oder Sie sind neugierig geworden oder Sie sehnen sich nach den Vorteilen, die der Pilot demonstriert hat. Da Sie nun wissen, dass Scrum besser ist, als das, was Sie heute haben, beschreibt dieses Kapitel wie es nach dem Pilotprojekt weitergehen kann.

Auch wenn andere Unternehmensteile wie der Vertrieb oder die Finanzabteilung bereits empirisch arbeiten, ist diese Art der Arbeit neu für die Softwareentwicklung. Jeder in der Softwareentwicklung sowie die Auftraggeber sind gewohnt, vorhersagende Prozesse zu verwenden. Sie haben diese Prozesse seit Jahren eingesetzt. Für sie sind diese Prozesse einfach der normale Weg, Software zu entwickeln.

Die meisten Menschen haben keine Erfahrung damit, Empirie für die Softwareentwicklung zu verwenden. In den folgenden Abschnitten diskutieren wir empirische Praktiken für die Softwareentwicklung und geben einen Ausblick, wie das Management diese Praktiken verbreiten kann.

Die Kunst des Möglichen

Empirie bedeutet, das Beste aus seinen Möglichkeiten zu machen. In der Vergangenheit begann Softwareentwicklung damit, einen Plan zu erstellen. Von den Entwicklern wurde dann erwartet, dass sie dem Plan folgen – unabhängig davon, was tatsächlich passierte. In der empirischen Softwareentwicklung werden Pläne just in time erstellt (also gerade rechtzeitig). Ein Ziel wird etabliert und dann bewegt sich das Team auf dieses Ziel zu, Iteration für Iteration. Der Plan wird angepasst, wenn neue Erkenntnisse gewonnen wurden. Der Weg zu dem Ziel wird sich möglicherweise von dem Weg unterscheiden, den man zunächst im Kopf hatte. Das Projekt ist beendet, wenn der Return on Investment (ROI) optimiert wurde. Das kann früher der Fall sein, als Sie erwartet haben. Es kann aber auch passieren, dass Sie ein Projekt nach nur zwei Iterationen beenden, wenn Sie feststellen, dass das Ziel zu vertretbaren Kosten nicht erreichbar ist. Auch das ist ein Erfolg – die erfolgreiche Vermeidung unnötiger Ausgaben.

Lassen Sie uns das genauer betrachten. F-Secure entwickelt Antiviren- und Sicherheitssoftware in Finnland für einen weltweiten Markt. Ein Partner hat F-Secure vergeblich gebeten, in ein spezifisches Segment des Antivirenmarkts einzutreten. Schließlich bot der Partner an, die Entwicklung in diesem Bereich zu finanzieren. F-Secure-Entwickler sollten zusätzliche Funktionalität für den Partner entwickeln, der diese dann unter seinem Firmennamen vermarkten würde.

F-Secure hatte empirische Softwareentwicklung bereits seit einigen Jahren im Einsatz. Sie wussten, wie viel ihre Entwicklungsteams durchschnittlich in einer Iteration entwickeln konnten. Auf Basis dieses Wissens verhandelten sie einen Plan mit dem Partner. Sie würden ein Teilrelease für eine anstehende Konferenz entwickeln und wenig später das erste vollständige Release auf den Markt bringen. Leider entwickelten die zugewiesenen Teams in den ersten drei Iterationen weniger Funktionalität als geplant. Als ein Viertel der Zeit bis zur Konferenz verstrichen war, wurde klar, dass das Produkt nicht rechtzeitig fertig sein würde – nicht einmal annähernd.

Der Partner und F-Secure hatten den langsamen Projektfortschritt beobachtet. Sie stoppten alle Arbeiten an der Software. Es war Geld ausgegeben worden, ohne dass ein entsprechender Gegenwert geschaffen wurde – die Ziele wurden nicht erreicht. Allerdings wusste der Partner früh, dass er das Produkt nicht rechtzeitig erhalten würde. Er stoppte alle Vorbereitungen für die Konferenz, inklusive der Marketing- und Vertriebsaktivitäten, und ersparte sich so eine peinliche Bloßstellung im Markt. Der Wert, der in diesem Projekt geschaffen wurde, war Schadensbegrenzung.

F-Secure hat die Entwicklung an einem Produkt beendet, als man feststellte, dass man zu spät in den Markt eintreten würde. Wenn sie die Entwicklung komplett zu Ende gebracht hätten, wäre dies Verschwendung gewesen. Das Team tut, was möglich ist. Es schätzt ab, wie viele Anforderungen es in ein Inkrement packen kann. Es handelt sich hierbei um eine Schätzung oder Vorhersage; es ist keine Garantie und es gibt keine 100%ige Sicherheit. Während der Iteration könnte ein Teammitglied krank werden, die Technologie könnte nicht wie erwartet funktionieren und die Software stellt sich als komplizierter heraus als ursprünglich gedacht. Das ist Komplexität in Aktion. Am Ende der Iteration inspizieren Sie empirisch, wie viel Funktionalität entwickelt wurde. Das kann mehr oder weniger sein als vorhergesagt. Aber Sie wissen sicher, was entwickelt wurde, und können so entscheiden, was als Nächstes zu tun ist. Empirie erzeugt keine Sicherheit; es macht uns die Möglichkeiten bewusst.

Viele Menschen haben ihre Schwierigkeiten mit Empirie. Möglicherweise hat das Team nicht entwickelt, was sie wollten. Vielleicht haben sie nicht so viel entwickelt, wie sie sich gewünscht haben. Ein Venture Capitalist[1] hatte es besonders schwer. Er wusste, was in jeder Iteration entwickelt werden sollte. Er würde das Team abschätzen lassen, wie viel es schaffen könnte. Er würde ihnen aber auch sagen, was er erwartete. Wenn das Team nicht das lieferte, was er erwartete, sagte er den Entwicklern: »Ich bin wirklich enttäuscht von Euch.« Er glaubte, dass er so seine Wünsche real werden lassen könnte. Das Einzige, was er durch den Druck erreichte, war aber eine beschädigte Moral und eine stark verzögerte Entwicklungsgeschwindigkeit.

Empirie ist die Kunst das Möglichen: das Beste aus dem machen, was man hat. Das eröffnet viele Möglichkeiten. Wenn Sie allerdings glauben, genau zu wissen, was Sie wollen, und genau darauf drängen, schließen Sie die anderen Möglichkeiten von vornherein aus. Sie beschäftigen sich dann nicht mehr mit der Realität. Sie versuchen dann, die Realität so zu ändern, wie Sie sie gerne hätten. Das kann in einfachen Situationen funktionieren, aber es ist demoralisierend und frustrierend bei komplexen Problemen.

Die wichtigste Aufgabe eines Managers besteht darin, die Mitarbeiter dabei zu unterstützen, ihre Arbeit zu erledigen. Manager sollten ein Ziel setzen und die Mitarbeiter dann ihre Arbeit erledigen lassen. Manager sollten Hindernisse beseitigen, die den Mitarbeitern im Weg stehen. Sie sollten alles tun, was zu einer effektiveren oder produktiveren Arbeit führen kann. Dann kann das Unternehmen die Früchte seiner Arbeit ernten.

Transparenz verlangen und eine Umgebung schaffen, in der sie aufblühen kann

Sie müssen die Fakten kennen, um fundierte Entscheidungen treffen zu können. Die Daten oder Informationen, die die Basis Ihrer Entscheidungen sind, müssen transparent und allgemein verstanden sein. Bei empirischer Softwareentwicklung stellt das Inkrement die klaren und transparenten Informationen zur Verfügung, auf denen die Entscheidungen basieren.

Menschen müssen sich sicher fühlen, damit sie die wichtigen Diskussionen führen können, damit sie offen sagen können, was sie denken und fühlen, und damit sie mit anderen kooperieren können, ohne Schaden für sich selbst befürchten zu müssen. Diese Diskussionen sind das Herz der Empirie. Vielen Arbeitsum-

---

1. Anmerkung des Übersetzers: Ein Venture Capitalist ist ein Risikokapitalgeber. Allerdings ist in der Softwareentwicklung der Begriff Venture Capitalist gebräuchlicher, sodass ich ihn im Text nicht übersetzt habe.

gebungen fehlt diese Geborgenheit. Politische Spielchen und versteckte Ziele pervertieren Transparenz. Die wichtigste Aufgabe für das Management besteht darin, eine sichere Arbeitsumgebung zu schaffen, in der Menschen sich gegenseitig respektieren und sich geborgen fühlen, um ihr Bestes zu geben.

Transparenz ist wertneutral; sie ist weder gut noch schlecht. Dinge und Inkremente sind einfach da. Sie sind vielleicht nicht so, wie Sie es sich wünschen, aber das bedeutet nur, dass schwierige Entscheidungen zu treffen sind. Wenn Diskussionen, Anforderungen und Funktionalitäten von jemandem mit Weisungsbefugnis als gut oder schlecht bewertet werden, werden Mitarbeiter daran arbeiten, nur noch die als gut erachteten Dinge zu zeigen. Sie werden die Realität verdrehen, um dieser Person zu gefallen. In diesem Moment fällt die ganze Idee empirischer Softwareentwicklung in sich zusammen.

Kronos ist ein in Boston ansässiges Unternehmen, das Systeme zur unternehmensweiten Zeit- und Anwesenheitsverwaltung entwickelt. Kronos versuchte, empirische (agile) Softwareentwicklung anzuwenden. 2008 war das Management der Entwicklung unzufrieden mit dem Fortschritt bezogen auf das nächste Release. Sie teilten den Entwicklern ihre Unzufriedenheit mit und sagten ihnen, sie sollten sich mehr anstrengen. Die Entwickler wollten ihrem Management gefällig sein und entwickelten die Funktionalität schneller – allerdings sank dabei die Qualität unter das akzeptable Maß.

Am Ende jeder Iteration gratulierte das Management den Entwickeln zu ihrem Einsatz. Allerdings war das Inkrement nicht leicht zu durchschauen. Das Management dachte, das Inkrement wäre komplett fertiggestellt und benutzbar. Tatsächlich war es aber nur teilweise fertiggestellt und komplett unbenutzbar. Als der Releasetermin näher rückte, wurde die nicht beendete Arbeit entdeckt. Das Releasedatum musste um sechs Monate verschoben werden, damit die Entwickler die Arbeit abschließen konnten.

Auf die Menschen verlassen

Die Teammitglieder, die die Arbeit erledigen, können am besten beurteilen, wie die Arbeit erledigt werden sollte. Dieser Gedanke steht im Gegensatz zu den meisten Managementlehren. Ein Manager sollte ein Ziel setzen, herausfinden, wie es erreicht werden kann, und dann dafür sorgen, dass die Mitarbeiter den Plan befolgen. Allerdings ist dann jeder durch die Erfahrung, Einsicht und Intelligenz des Managers eingeschränkt.

Wenn die Menschen, die die Arbeit erledigen, selbst entscheiden können, was sie konkret tun, können sie sich den konkreten Umständen, der Realität, anpassen. Sie können Ideen austauschen und ihre Expertise einbringen, um die beste

Lösung zu finden. Sie probieren dann einen Ansatz aus und wenn er nicht funktioniert, können sie etwas anderes ausprobieren. Das ist Selbstorganisation. Es bedeutet, die kollektive Intelligenz des Teams zu nutzen. Sie sind nicht beschränkt auf die Denkweise des Managers und haben die Freiheit, ihr Bestes zu geben.

Bei diesem Ansatz besteht die Aufgabe des Managers darin, Ziele zu setzen, das Team zu unterstützen und Hindernisse zu beseitigen. Der Manager bevollmächtigt die Teammitglieder.

Menschen dabei unterstützen, ihr Sicherheitsbedürfnis zu reduzieren

Die Welt ist voller Unwägbarkeiten. Softwareentwicklung ist voller Unwägbarkeiten. Und trotzdem müssen Entscheidungen gefällt werden und die Unternehmen, die die besten Entscheidungen treffen, sind erfolgreich. Software in 30 Tagen liefert fundierte, nachvollziehbare Informationen über das, was passiert – mindestens alle 30 Tage. Jede Iteration ist ein begrenztes Wagnis. Das Team kann wertvolle Software entwickeln, fast ohne Risiko. Selbst im schlechtesten Fall, in dem das Team kein Inkrement entwickelt hat, hat es wertvolle Informationen darüber geliefert, was möglich ist und was nicht.

Primavera entwickelt Projektmanagementsoftware. Sie sitzen in Philadelphia und gehören heute Oracle. Die Software wird benutzt, um vorhersagende Projekte zu managen. Die Gründer waren sich der Ironie bewusst, dass sie empirische Softwareprozesse benutzen mussten, um ihre vorhersagende Software zu entwickeln. Aber um ihre Probleme zu lösen, gab es keine Alternative.

Am Ende der ersten Iteration kamen das Team und das obere Management zusammen, um sich das Inkrement anzusehen. Das Inkrement funktionierte gut. Allerdings wies der CTO (Chief Technology Officer) darauf hin, dass das Team gesagt hätte, es würde sieben Funktionen implementieren. Es hatte aber nur fünf fertiggestellt. Dem CTO war nicht wohl dabei. Er bat das Team, Statistiken darüber zu führen, wie lange sie für die Arbeit gebraucht hätten. Er glaubte, dass das Team besser schätzen könnte, wenn die statistischen Werte normalisiert und in einer Datenbank aggregiert würden. Sie könnten mithilfe der Datenbank zu Beginn jeder Iteration eine genauere Schätzung abgeben, was sie schaffen würden. Mit so einer Datenbank hätten sie seiner Meinung nach vorher gewusst, dass sie nur fünf Funktionalitäten fertigstellen würden.

Softwareentwicklung ist nicht vorhersagbar. Die Vergangenheit sagt nicht die Zukunft voraus, weil Softwareentwicklung immer wieder anders ist. Eine solche Datenbank ist nicht nützlich.

Wir sehnen uns alle nach Sicherheit, aber sie kann häufig nicht hergestellt werden. Wir können uns aber intelligent verhalten, gute Entscheidungen fällen und unsere Risiken begrenzen. Das ist empirische Softwareentwicklung in aller Kürze und die Erklärung, warum kurze Iterationen Risiken reduzieren.

Zusammenfassung

Wie erfolgreich Sie mit empirischer Softwareentwicklung sind, hängt im Wesentlichen davon ab, wie Führung (Leadership) in Ihrem Unternehmen gelebt wird und wie Sie alle Beteiligten durch die oben beschriebenen Veränderungen führen.

Teil II

Wie man Software in 30 Tagen herstellt

Organisationen wollen flexibler, kreativer, produktiver und profitabler werden. Sie wollen ihre Kunden zufriedenstellen und sich gegenüber ihren Konkurrenten absetzen. Viele Organisationen haben sich entschieden, Scrum strategisch einzusetzen. Manchmal wird Scrum nur für kritische Aufgaben genutzt; manchmal wird eine neue Entwicklungs- oder IT-Organisation parallel zur existierenden Wasserfallorganisation aufgebaut. Manchmal wird sogar das ganze Unternehmen umgekrempelt, um agiler, flexibler und wettbewerbsfähiger zu werden.

Unabhängig davon, was konkret gewünscht wird, ist eine Änderung der Arbeitsweise notwendig. Wie bei den meisten relevanten Veränderungen ist ein unorganisierter Ansatz zum Scheitern verurteilt. Möchten Sie eine Veränderung in Richtung des Scrum-Ansatzes bewirken, sollten Sie dies ebenfalls inkrementell angehen (ganz im Scrum-Sinne).

Wir beginnen mit einer kurzen Einführung in Scrum. Danach arbeiten wir mit einem klassifizierten Ansatz in drei Ausbaustufen, die in jeweils einem eigenen Kapitel behandelt werden:

1. *Scrum auf Projektebene*:
    Dieser Ansatz wird »bei Bedarf« verwendet (angelehnt an das lateinische *pro re nata*, oder PRN, was so viel bedeutet wie »bei Bedarf einzunehmen«). Er wird z. B. verwendet, wenn jemand Software in 30 Tagen oder weniger benötigt. Kapitel 6 beschreibt, wie man Scrum auf Projektebene mit minimalem Overhead und schnellstmöglichen Ergebnissen implementiert.

2. *Scrum auf Ebene einer Organisationseinheit*:
    Es wird ein Softwarestudio, in dem Scrum-Projekte durchgeführt werden, aufgebaut, das getrennt vom Rest der Organisation existiert. Das Softwarestudio hat die Aufgabe, Wettbewerbsvorteile durch den Einsatz von Scrum zu erzielen. Es arbeitet mit einem hohen Autonomiegrad ungehindert von Bürokratie. In dem Maße, wie die Vorteile von Scrum sichtbar werden, wird das Softwarestudio stärker in Anspruch genommen. Kapitel 7 beschreibt das Softwarestudio.

3. *Scrum auf Unternehmensebene*:
    In dieser unternehmensweiten Ausbaustufe wird das, was man im Softwarestudio gelernt hat, auf das Unternehmen ausgeweitet. Damit wird unternehmensweit eine größere Produktivität und Agilität erreicht. Kapitel 8 erläutert diesen Ansatz und beschreibt dabei auch, wie man Scrum verwenden kann, um Scrum einzuführen. Außerdem wird diskutiert, wie man feststellt, ob man Scrum wirklich lebt oder nur so tut.

5 Mit Scrum starten

Scrum ist ein Rahmenwerk (engl. Framework), um komplexe Arbeit wie z.B. Softwareentwicklung zu organisieren. Scrum ist sehr einfach. Es besteht aus nur drei Rollen, drei Artefakten und fünf Ereignissen (siehe Tab. 5–1). Scrum verbindet diese Teile mit Regeln, wie sie zu verwenden sind.

Das Team, das die Software entwickelt, heißt *Scrum-Team*. Es besteht aus der Person, die die Software haben möchte (der *Product Owner*[1]), einem Moderator (der *Scrum Master*) und den Entwicklern. Um Verwirrungen zu vermeiden, kann es nur einen Product Owner geben. Der Product Owner entscheidet, was in den Iterationen (in Scrum sprechen wir von *Sprints*) entwickelt werden soll, und begutachtet die Ergebnisse am Sprint-Ende. Der Scrum Master sorgt für die Durchführung des Projekts nach Scrum. Es gibt Zertifizierungen für Scrum Master. Wichtiger sind jedoch signifikante, nachprüfbare Erfahrungen in der erfolgreichen Scrum-Anwendung.

Rollen	Artefakte	Ereignisse
▪ Product Owner	▪ Inkrement	▪ Sprint
▪ Entwicklungsteam	▪ Product Backlog	▪ Sprint-Planung
▪ Scrum Master	▪ Sprint Backlog	▪ Daily Scrum
		▪ Sprint-Review
		▪ Retrospektive

Tab. 5–1   *Scrum-Elemente*

---

1. Anmerkung des Übersetzers: *Product Owner* wird manchmal mit *Produktverantwortlicher* übersetzt. Allerdings hat sich die deutsche Übersetzung nicht durchgesetzt und der Begriff *Product Owner* ist auch im deutschen Sprachraum gebräuchlich.

Das Scrum-Team zusammenstellen und den Sprint planen

Die erste Aufgabe für den Scrum Master besteht darin, Entwickler für das Entwicklungsteam zu finden. Die Mitarbeiter in diesem Team müssen zusammengenommen die Fähigkeiten haben, in jedem Sprint die Anforderungen des Product Owner (aus dem Product Backlog) in laufende Software-Inkremente umzuwandeln.

Alle Mitglieder des Scrum-Teams kommen zusammen, um die anstehende Arbeit zu diskutieren und die Zusammenarbeit zu organisieren. Das Scrum-Team muss die Vision kennen (das benötigte und das erhoffte Ergebnis). Es muss wissen, woran Erfolg und Misserfolg festgestellt wird und welche Randbedingungen einzuhalten sind. Das Team beschäftigt sich nur mit den wichtigsten Anforderungen und wählt die Menge an Anforderungen aus, die es mit hoher Wahrscheinlichkeit im kommenden Sprint entwickeln kann. (Die Entwickler besitzen die Fähigkeit, selbstständig große Anforderungen in kleinere zu zerlegen, die sie in einem Sprint entwickeln können.)

Da die Entwickler im Scrum-Team diejenigen sind, die die Arbeit erledigen, schätzen sie auch den Aufwand für die Entwicklung der Anforderungen. Die Genauigkeit der Schätzung hängt davon ab, wie lange die Entwickler im Team bereits zusammengearbeitet haben, wie gut sie die eingesetzten Technologien beherrschen und wie gut sie den Anwendungsbereich verstehen.

Wenn die Planung abgeschlossen ist, machen die Entwickler eine Vorhersage, was sie glauben, bis zum Sprint-Ende schaffen zu können. Das ist Empirie in Aktion: Eine Vorhersage machen, feststellen, was tatsächlich geschafft wurde, und dann eine Entscheidung fällen auf Basis des Ergebnisses.

Um schnell vorwärtszukommen, dauert dieser kurze Start in den Sprint nur einen Tag (bei einem Sprint von 30 Tagen). Wir nennen diesen Start in den Sprint die Sprint-Planung. Das Scrum-Team erarbeitet gemeinsam eine Vorstellung von dem zu lösenden Problem und dem gewählten Lösungsansatz – sodass jeder weiß, was im anstehenden Sprint entwickelt werden soll.

Wertschaffende Sprints

Direkt nach der Sprint-Planung beginnt das Scrum-Team damit, Software zu entwickeln. Die Entwickler erstellen ein Inkrement an Softwarefunktionen während des ersten Sprints. Das ganze Scrum-Team arbeitet während des Sprints zusammen, um die zu erledigende Arbeit weiter abzuklären. Es können Anforderungen zum Sprint hinzugefügt oder entfernt werden, wenn das Entwicklungsteam feststellt, dass es Zeit übrig hat oder die Restzeit nicht reicht, um alle Anforderungen umzusetzen. Das Inkrement kann also kleiner oder größer ausfallen als vorhergesagt.

Während des Sprints treffen sich die Entwickler jeden Tag zu einem 15-minütigen Meeting (Daily Scrum genannt), um die anstehende Arbeit zu organisieren, immer mit dem Ziel, das vorhergesagte Ergebnis zu liefern. Um die Entwicklungsgeschwindigkeit zu optimieren, muss das Sprint-Ziel eine gemeinsame Vereinbarung zwischen Entwicklern und Product Owner sein. Die Entwickler stimmen zu, dass sie so viel wie möglich der gewünschten Software entwickeln und dass mit jedem neuen Sprint die Richtung geändert werden kann. Der Product Owner stimmt zu, die Anforderungen während des Sprints nicht mehr zu ändern – alles, was nicht geplant war, wartet bis zum nächsten Sprint. Das schließt z.B. Situationen mit ein, in denen jemand gerne Entwickler zu einem Kundentermin dabei hätte. Entwickler sind dann besonders produktiv, wenn sie nicht ständig unterbrochen werden. Kürzere Sprints erlauben häufigere Änderungen (wir diskutieren dies später in diesem Kapitel).

Das Sprint-Review

Am Ende des Sprints treffen Sie sich mit dem Scrum Master und den Entwicklern für das Sprint-Review. Dieses Meeting dauert niemals länger als 4 Stunden. Das Scrum-Team und wichtige Stakeholder[2] kommen zusammen, um sich das Sprint-Ergebnis anzusehen. Im Sprint-Review wird thematisiert, was erledigt wurde, wie viel erledigt wurde, wie effektiv es erledigt wurde und wie nützlich das Ergebnis ist. Das Inkrement muss vollständig sein, sodass komplette, benutzbare Software existiert. Product-Backlog-Einträge, die nicht vollständig umgesetzt wurden, gehen zurück ins Product Backlog mit dem Status »noch zu erledigen«. Häufig entstehen neue Anforderungen im Sprint-Review. Außerdem werden neue Chancen und Herausforderungen sichtbar. Oftmals erzeugt alleine die Demonstration des Inkrements neue Ideen.

Die Ergebnisse des Sprint-Reviews können die folgenden Dinge umfassen:

- Das Inkrement wird tatsächlich benutzt.
- Es wird entschieden, was im nächsten Sprint entwickelt werden soll.
- Es wird entschieden, nicht weiterzumachen, und das Projekt wird abgebrochen.

---

2. Anmerkung des Übersetzers: Die wörtliche Übersetzung für *Stakeholder* ist *Interessengruppe*. Auch hier ist im Scrum-Umfeld die deutsche Übersetzung unüblich, weshalb ich beim englischen Original geblieben bin. Stakeholder umfasst jeden, der in irgendeiner Form ein Interesse am Sprint-Ergebnis hat: Kunden, Anwender, Kundenservice, Betriebsrat, Betrieb, Management etc.

Auf diese Weise ist das Risiko auf die Investition eines Sprints begrenzt. Am Ende jedes Sprints wird Wert geliefert und der nächste Sprint wird zusammengestellt. Wenn Sie entscheiden, mit einem weiteren Sprint fortzufahren, um weitere Software-Inkremente zu entwickeln, wird im Anschluss an das Sprint-Review eine Sprint-Retrospektive durchgeführt.

Die Sprint-Retrospektive

Jedes Mitglied des Scrum-Teams arbeitet an der kontinuierlichen Prozessverbesserung mit. Die Verbesserungsmaßnahmen werden in der Sprint-Retrospektive definiert. Das Meeting sollte nicht länger als vier Stunden dauern.

Als natürliche Unterbrechung zwischen Sprints bietet die Sprint-Retrospektive die Möglichkeit, innezuhalten und den vergangenen Sprint zu begutachten. Auf dieser Basis definiert das Scrum-Team Verbesserungsmaßnahmen für seine Arbeit. Die Diskussionen in der Retrospektive können die folgenden Punkte umfassen:

- Hat das Team gut zusammengearbeitet oder nicht und was waren die Ursachen?
- Hat das Team mehr oder weniger im Sprint erledigt, als es vorhergesagt hatte, und was waren die Ursachen?
- Hat das Team alle Fähigkeiten und die Ausstattung, um seine Arbeit zu erledigen?
- Haben die Entwickler die Anforderungen verstanden und was waren die Ursachen für Missverständnisse?
- Konnte das Team den Sprint erfolgreich bzgl. der Anforderungen abschließen oder nicht oder was waren ggf. die Ursachen?
- Was kann man im nächsten Inkrement besser machen oder weglassen?
- Was denkt das Team über den Einsatz von Scrum?

Als Nächstes identifiziert das Team verschiedene Punkte, die es im nächsten Sprint anders machen will, um seine Kreativität, Effektivität und Produktivität zu erhöhen. Scrum-Teams verbessern sich kontinuierlich. Die Sprint-Retrospektive ist die Chance des Scrum-Teams, die eigene Arbeit und das eigene Leben zu verbessern.

Mit dem nächsten Sprint weitermachen

Das Scrum-Team macht nach der Sprint-Retrospektive mit dem nächsten Sprint weiter und der ganze Kreislauf beginnt vom Neuen, bis die Ziele erreicht, Chancen maximiert oder der Return on Investment erzielt wurde oder ein unüberwindbares Hindernis aufgetreten ist (siehe Abb. 5–1).

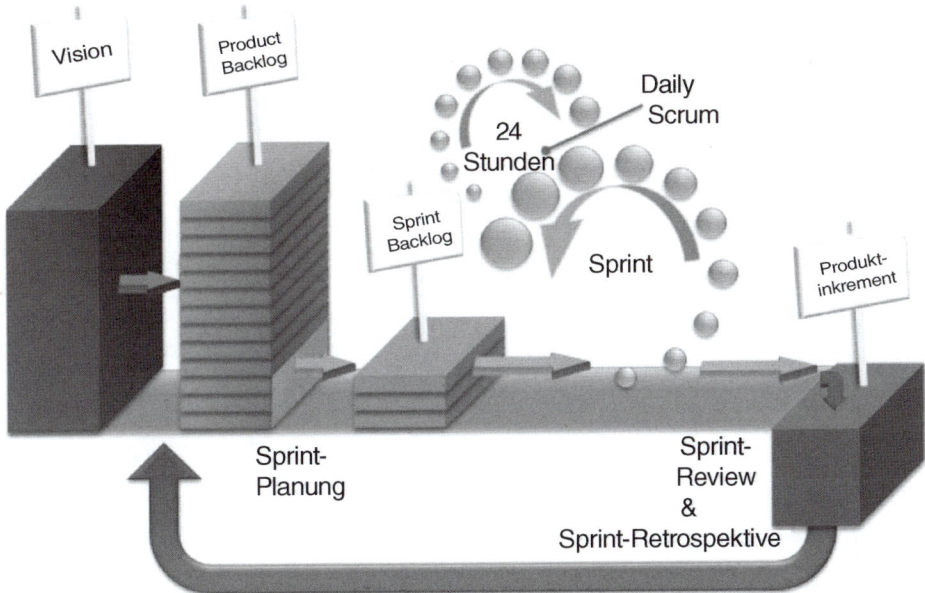

Quelle: Gunther Verheyen/Capgemini 2011

Abb. 5–1   *Scrum in Aktion*

Zusammenfassung

Scrum ist einfach. Wir haben uns in diesem Kapitel Scrum angesehen und kennen jetzt seine Bestandteile. Wir wissen, wie man von der Planung bis zur Lieferung vorgeht. Als Nächstes sehen wir uns an, wie Sie Scrum in Ihrer Organisation zum Laufen bekommen.

6 Scrum auf Projektebene

Setzen Sie Scrum ein, wenn Bedarf dafür besteht, z. B. wenn sich plötzlich eine besondere Gelegenheit ergibt oder ein Projekt in eine katastrophale Schieflage geraten ist. Dieses Kapitel wird Ihnen helfen, zu verstehen, wie Sie sofort ohne großen Aufwand mit Scrum starten können. Sie werden in diesem Kapitel lernen, wie Sie mit Scrum alle 30 Tage Wert schaffen können.

Auswirkungen auf die Organisation müssen bei der Verwendung von Scrum auf Projektebene nicht berücksichtigt werden. Kurzfristige Vorteile stehen im Fokus, nicht die langfristige Verbesserung des Unternehmens. Das Scrum-Projekt wird isoliert von den üblichen Praktiken und Prozessen im Unternehmen durchgeführt. Es wird nur das benutzt, was bei der Wertschöpfung hilft.

Bottom-up- und U-Boot-Scrum

In den letzten 20 Jahren wurden sehr viele Scrum-Projekte in Organisationen durchgeführt, ohne dass dies bei der Unternehmensführung bekannt gewesen wäre. Ein Projektteam experimentiert mit Scrum und erzielt beeindruckende Ergebnisse. Ein anderes Team probiert Scrum und kurz darauf wird an verschiedenen Stellen im Unternehmen schneller Software entwickelt. Schließlich werden Scrum-Projekte überall im Unternehmen durchgeführt.

Wir nennen das Scrum PRN[1]. Genauso wie die Entscheidung zur Einnahme eines PRN-Medikaments der Krankenschwester oder dem Patienten selbst überlassen wird, liegt die Entscheidung für Scrum PRN beim konkreten Projekt. Wenn eine wichtige Gelegenheit erkannt wird oder eine kritische Herausforderung entsteht und Software schnell benötigt wird, lautet die Antwort Scrum PRN. Ausnahmen vom (klassischen) Standardverfahren zur Softwareentwicklung sind erlaubt, um auf eine Krise zu reagieren oder eine Chance auszunutzen.

---

1. PRN steht für das lateinische »pro re nata«, was man mit »wenn die Umstände es erfordern« übersetzen kann. *prn* auf einem Arzneirezept bedeutet »bei Bedarf einzunehmen«.

Die Verwendung von Scrum bedarf keiner Erlaubnis. Die Befugnis zum Einsatz von Scrum erwächst aus dem dringenden Bedarf für Software.

Vorteile und Erkenntnisse

Die Kosten für einen 30-Tage-Sprint können zwischen 50.000 $ und 150.000 $ liegen, abhängig von der Größe des Scrum-Teams, den Kosten für die Entwickler und anderen Faktoren. Die Ergebnisse des Sprints umfassen:

- *Wissen über die Fähigkeiten der Entwickler*:
  Während der Entwicklung wird sichtbar, ob die Entwickler in der Lage sind, die benötigte Softwarefunktionalität herzustellen, und wie viel sie in einem Sprint entwickeln können.

- *Funktionalität*:
  Am Ende des Sprints kann Funktionalität benutzt werden, wie klein sie auch sein mag. Die Funktionalität ist integriert in die Inkremente vorausgegangener Sprints.

- *Neuplanung*:
  Investitionen können für jeden Sprint neu bewertet und neu geplant werden. Das nennt man Just-in-Time-Planung. Änderungen des Kontextes werden mit geänderter Planung adressiert. Planungszeit für Dinge, die sowieso niemals entwickelt würden, wird eliminiert.

Scrum-Projekte machen alles sichtbar – die Dinge, die wir erhoffen, und die Dinge, die unserer Erwartung zuwider laufen. Scrum bringt die Dinge auf den Tisch, sodass wir wissen, was wirklich passiert, und intelligente Entscheidungen für die nächsten Schritte fällen können. Der Vorteil ist, dass wir besser kontrollieren können, was als Nächstes passiert – indem wird in kleinen Einheiten investieren und jeweils einen angemessenen Gegenwert bekommen.

Die Arbeit managen: Burndown-Charts

Eine der nützlichsten Eigenschaften von Scrum besteht darin, dass es den tatsächlichen Zustand des Projekts sichtbar macht. Das Management kann diese Informationen verwenden, um die Wertschöpfung zu optimieren und Risiken zu kontrollieren.

Am Ende eines jeden Sprints wird die Leistung des Teams festgehalten, inklusive der Menge der entwickelten und benutzbaren Anforderungen. So kann der Fortschritt hinsichtlich des Ziels gemessen und dazu verwendet werden, eine sehr vorsichtige Vorhersage der Zukunft zu erstellen.

Arbeit kann mit nur drei Variablen organisiert werden. Zunächst haben wir die Anforderungen, also die Funktionalität, die die Vision liefern soll. Einige Funktionalitäten sind klein, einige mittelgroß und andere groß bzgl. des Entwicklungsaufwandes. Die zweite Variable ist die Zeit, die wir in Sprints messen. Und als Drittes haben wir die erledigte Arbeit, die wir in gelieferten, benutzbaren Funktionalitäten messen.

Wenn umgesetzte Anforderungen über die Zeit gemessen werden, lassen sich Trends erkennen. So könnte ein Team zu Projektbeginn den Gesamtaufwand aller gewünschten Funktionen auf 140 Aufwandseinheiten geschätzt haben. Im ersten Sprint liefert es Funktionen im Umfang von 20 Aufwandseinheiten und im zweiten und dritten Sprint Funktionen im Umfang von jeweils 40 Aufwandseinheiten. Diesen Verlauf kann man in einem Burndown-Chart visualisieren. Ein Burndown-Chart zeigt die noch verbleibende Arbeit über die Zeit, die am Ende eines jeden Sprints berechnet wird. Das Burndown-Chart des Beispielprojekts ist in Abbildung 6–1 dargestellt.

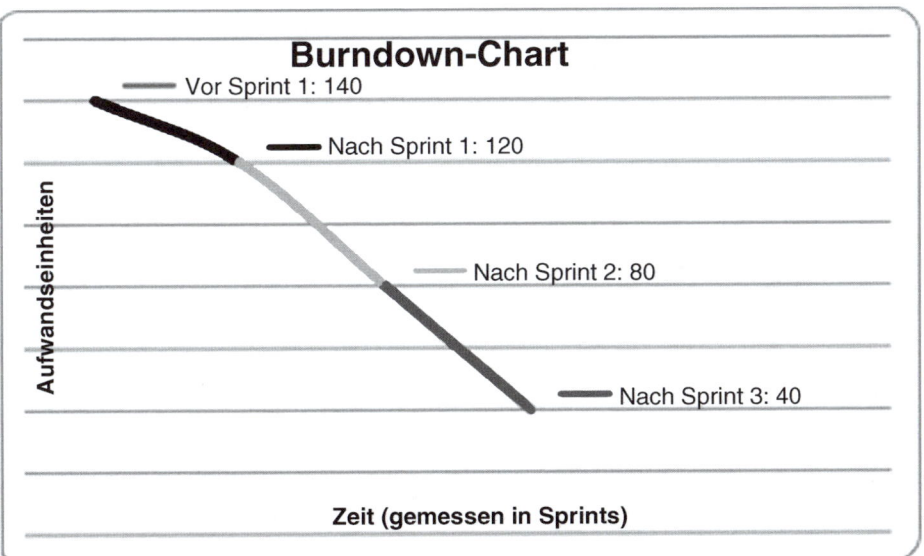

Abb. 6–1   *Beispiel-Burndown-Chart*

Damit erhalten wir ein Bild des Fortschritts bzgl. der Menge aller Anforderungen.

Für eine Prognose können wir den Durchschnitt aus den vergangenen Messungen verwenden. In den ersten drei Sprints wurden durchschnittlich 33,3 Arbeitseinheiten umgesetzt mit einer Standardabweichung von 11,5. Abbildung 6–2 zeigt eine dazu passende Trendlinie.

Dieses Burndown-Chart prognostiziert die Fertigstellung des Projekts zum Ende des vierten (also des nächsten) Sprints. Natürlich ist Softwareentwicklung selten so einfach. Es handelt sich dabei um eine komplexe Tätigkeit, bei der mehr Dinge unbekannt als bekannt sind. Softwareentwicklung vorherzusagen ist ein riskantes Unterfangen, das von vielen Faktoren abhängt:

- Fähigkeiten der Entwickler
- Stabilität der verwendeten Technologien
- Veränderungen des Markts

Die Trendlinie verliert an Aussagekraft, je weiter sie in die Zukunft prognostiziert wird.

Im Projektverlauf werden neue Anforderungen entstehen und neue Kundenbedürfnisse werden entdeckt werden. Wenn Inkremente inspiziert werden, werden neue Möglichkeiten sichtbar. Wenn wir beispielsweise mit einem Product Backlog im Umfang von 140 Aufwandseinheiten beginnen und in den ersten drei Sprints Anforderungen im Umfang von 20, 40 und 40 Aufwandseinheiten zum Backlog hinzugefügt werden, verläuft das Burndown-Chart horizontal (siehe Abb. 6–3). Es entsteht dann der falsche Eindruck, dass keine Arbeit erledigt wurde. Dieser Effekt tritt auf, weil genau so viel Arbeit zum Product Backlog hinzugefügt wurde, wie das Entwicklungsteam erledigt hat.

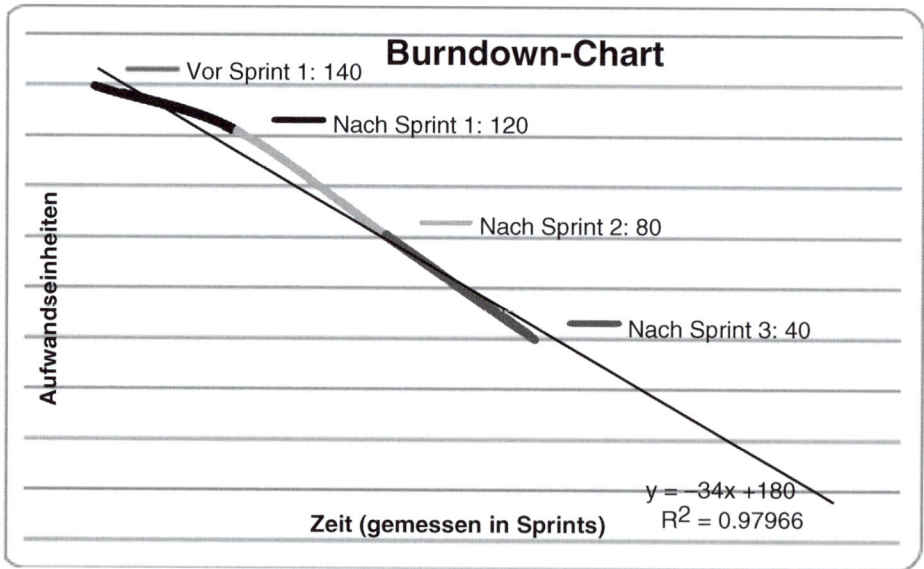

Abb. 6–2   *Beispiel-Vorhersage*

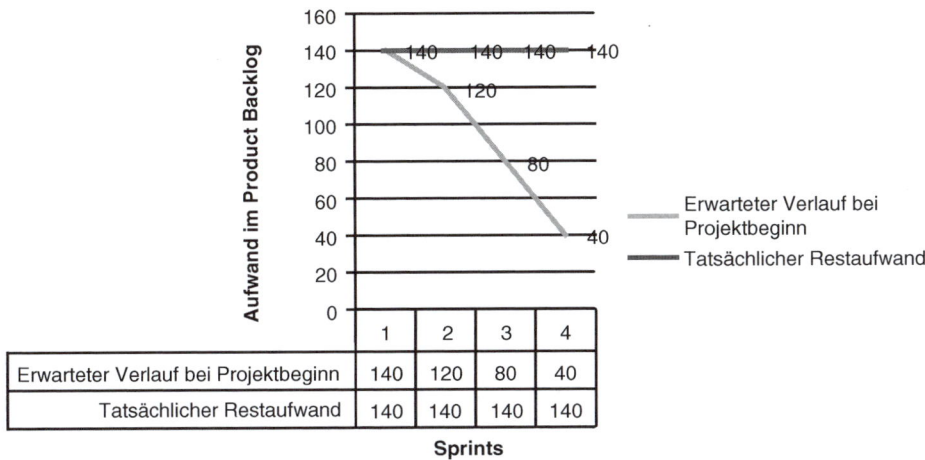

Abb. 6–3   *Tatsächlicher vs. antizipierter Burndown*

Um das Burndown-Chart trotzdem sinnvoll verwenden zu können, wird eine neue Null-Linie berechnet: [(Null-Linie bei Projektbeginn + hinzugefügte Arbeit) – (erledigte Anforderungen) = neue Null-Linie]. Diese neue Null-Linie ist in Abbildung 6–4 dargestellt. Wir können so prognostizieren, dass das Projekt viel später abgeschlossen wird, als vorher angenommen.

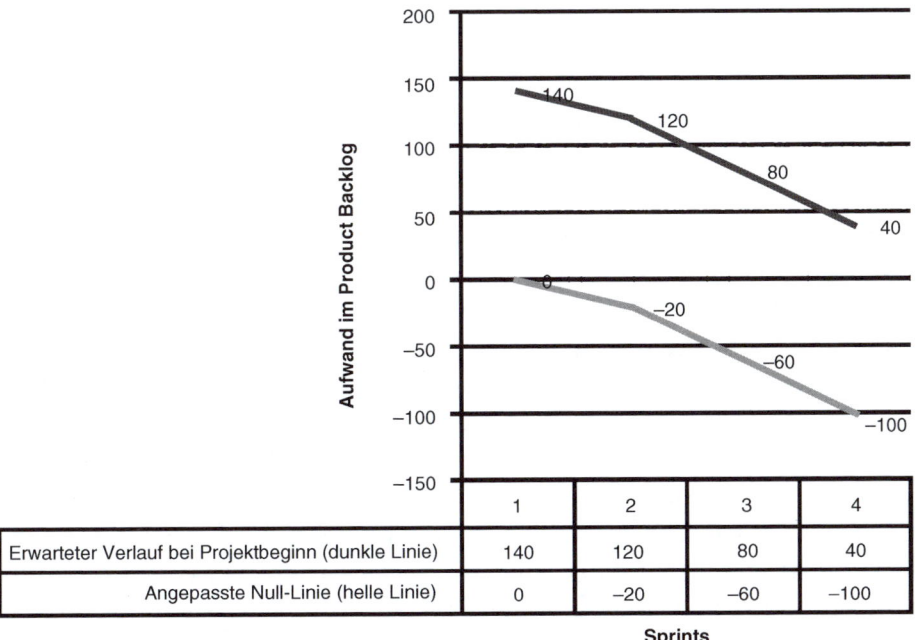

Abb. 6–4   *Veränderung der Null-Linie visualisiert Änderungen am Product-Backlog-Umfang*

In Scrum können wir die Entwicklung beenden, wenn die noch übrigen Anforderungen geringen Mehrwert liefern. Die Software wird den Anwendern für die Produktivbenutzung zur Verfügung gestellt und es wird Feedback von ihnen eingesammelt. Die zusätzliche Funktionalität, die von den Anwendern gewünscht wird, ist häufig etwas, was das Scrum-Team sich ursprünglich nicht vorgestellt hatte. Mit diesem Feedback wird das nächste Release (neu) geplant. Ursprünglich eingeplante Funktionen, die sich die Anwender nicht gewünscht haben, werden nicht ins Release aufgenommen.

Die Standish Group schätzt, dass 50 % der Funktionen in Softwaresystemen selten oder nie benutzt werden [Johnson 2011, S. 25]. So verwenden beispielsweise 80 % der Benutzer nur 14 % der Funktionen der umfangreichen hp.com-Website.[2] Der Product Owner muss also entscheiden, wann die noch offenen Funktionen eine so schlechte Kosten-Nutzen-Relation haben, dass die Entwicklung beendet werden sollte. Allein mit dieser Taktik können Projekte häufig auf 40 % der Zeit beschränkt werden, die sie mit klassischer Entwicklung benötigt hätten. Diesen Produktivitätszuwachs bekommen Sie nur dadurch, dass Sie sich ernsthaft mit dem Wert der Inkremente beschäftigen.

Komplexität nicht ignorieren – immer die Augen offen halten

Wir wissen, dass wir Scrum verwenden können, um eine Herausforderung zu meistern oder eine sich ergebende Chance auszunutzen. Bevor wir mit dem ersten Sprint beginnen, wollen wir häufig wissen, wie lange das Projekt dauern und wie viel es kosten wird. Wir können grobe Abschätzungen vornehmen, indem wir die Ergebnisse der ersten Sprints extrapolieren. Nehmen wie beispielsweise an, wir hätten jeweils 20 Aufwandseinheiten in zwei Sprints entwickelt. Wir haben geschätzt, dass das Gesamtsystem einen Umfang von 220 Aufwandseinheiten haben wird. Wir haben also noch 180 Aufwandseinheiten übrig. Wenn wir weiter 20 Aufwandseinheiten pro Sprint erledigen, brauchen wir 9 Sprints. Wenn wir während der Entwicklung Funktionalitäten zum Product Backlog hinzufügen oder aus dem Produkt Backlog entfernen, teilen wir die verbleibenden Aufwandseinheiten des Product Backlog durch die Lieferrate pro Sprint.

Natürlich sollte man sehr vorsichtig bei der Extrapolation der Vergangenheit in die Zukunft sein. Extrapolationen erzeugen neue Datenpunkte für die Zukunft. Dieser Prozess ist ähnlich der Interpolation, mit der wir neue Datenpunkte zwischen bekannten Datenpunkten erzeugen. Allerdings sind die Ergebnisse der Extrapolation mit größerer Unsicherheit behaftet und daher weniger

---

2.   Bezieht sich auf Ken Schwaber am 10. November 2009 während einer Scrum-Präsentation bei Hewlett-Packard in Palo Alto, California, von John Sawyer.

belastbar. Wir wissen, dass Softwareentwicklung eine komplexe Angelegenheit ist, in der das, was wir nicht wissen, das, was wir wissen, übersteigt. Wir können extrapolieren, müssen die Ergebnisse der Extrapolation aber immer wieder über-prüfen. Am Ende jeder Iteration prüfen wir, wo wir wirklich stehen, nicht wo wir nach der Extrapolation stehen würden. Realität ist eine stabilere Basis als unsere Erwartungshaltung.

Das Problem mit neuen Möglichkeiten ist, dass sie neu sind. Um die neuen Möglichkeiten auszunutzen, muss man etwas Neues tun oder einen etablierten Ansatz auf eine neue Art und Weise verwenden. Auf jeden Fall muss man eine Menge neuer Dinge durchdenken. Möglicherweise ist es sinnvoll, eine existie-rende Software auf eine neue Weise zu verwenden, oder es ist notwendig, eine komplett neue Lösung zu finden. Üblicherweise würden wir dieses Durchdenken vor der eigentlichen Softwareentwicklung stattfinden lassen. Das nennt man Anforderungsplanung und resultiert in einer Produktspezifikation. Das Problem ist, dass wir gar nicht genau wissen, was wir wollen. Selbst wenn wir gute Ideen haben, entsteht die beste Lösung in der Regel erst während des Projekts. Weil wir bei komplexen Problemen mehr nicht wissen als wissen, ist Vorausplanung schwierig und voller Fehler und Unzulänglichkeiten. In Scrum planen wir daher parallel zur Entwicklung und finden heraus, was wir brauchen, während das Pro-jekt fortschreitet. Vorhersagbarkeit ist das Resultat zeitnaher Entscheidungen auf Basis realer Daten. Auch wenn wir die Projektdauer und die Kosten zu Projektbe-ginn prognostizieren, bewerten wir den Projektschritt kontinuierlich während des Projekts. Klassische Projekte sagen ebenfalls Zeit und Kosten zu Projektbe-ginn voraus, liefern aber während des Projekts keine belastbaren Daten, um das Projekt an die tatsächlichen Gegebenheiten anzupassen – zumindest nicht, bevor es zu 90 % beendet ist.

Sprint-Länge

Unternehmen, die Scrum verwenden, tendieren zu 30-Tage-Sprints. Scrum erlaubt aber auch kürzere Sprints. Längere Sprints eignen sich besser für stabile Situationen, während kürzere Sprints eher für anspruchsvollere Situationen mit der Notwendigkeit schnellerer Reaktion infrage kommen.

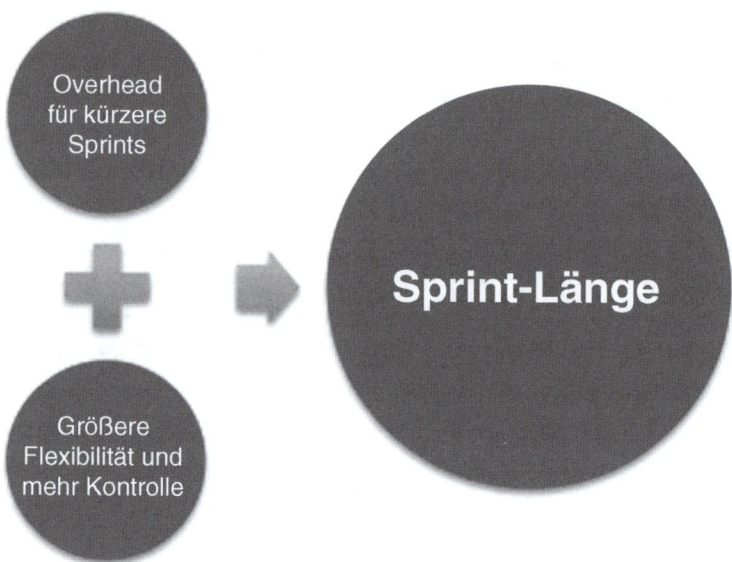

Abb. 6–5   *Variablen, die die Sprint-Länge beeinflussen*

Um die optimale Sprint-Länge zu ermitteln, ist der zusätzliche Overhead für kürzere Sprints und die größere Flexibilität durch kürzere Sprints in eine sinnvolle Beziehung zu setzen (siehe Abb. 6–5). Auf keinen Fall dauern Sprints länger als einen Monat.

Gründe für kürzere Sprints

Vier einwöchige Sprints sind flexibler als ein vierwöchiger Sprint und erlauben eine genauere Kontrolle. Hier sind einige der Variablen, die Ihre Wahl der Sprint-Länge beeinflussen können:

1. *Unbeständige Marktsituation*:
   Die Sprint-Länge bestimmt, wie häufig Sie umplanen können. Der Markt für Ihr Produkt kann neu oder unbeständig sein. Wahrscheinlich bringen Konkurrenten neue Produkte auf den Markt. Sie müssen flexibel sein, um schnell reagieren zu können. Außerdem wollen Sie nicht unnötig viel in Features investieren, deren Marktwert noch ungewiss ist.

2. *Unbeständiges Team*:
   Manchmal brauchen Scrum-Teams bis zu einem Jahr, um wirklich hochproduktiv zu werden. Einige werden es nie. Kürzere Sprints geben allen Beteiligten die Möglichkeit, einen genaueren Einblick in die Teamdynamik zu erhalten. Dadurch können Probleme von außen schneller erkannt und adressiert werden.

3. *Unbeständige Technologie*:
   Wenn neue Technologien verwendet werden, müssen wir uns Informationen über ihren Nutzen und Wert möglichst schnell verschaffen. Werden neue Produkte entwickelt, sind häufig die Möglichkeiten neuer Technologien erfolgsentscheidend. Probieren Sie die Technologien aus, indem Sie kleine Anteile von Funktionalitäten entwickeln. An diesen können Sie prüfen, ob und wie die Technologien für Ihren konkreten Kontext funktionieren. Wenn das Produkt z.B. sehr viele parallele Benutzer unterstützen oder besonderen Sicherheitsanforderungen genügen muss, sollten Sie sehr früh herausfinden, ob die eingesetzten Technologien dazu geeignet sind. Wenn Sie dabei herausfinden, dass die Technologien nicht geeignet sind, können Sie nach anderen Technologien suchen oder das ganze Projekt frühzeitig abbrechen.

4. *Stabile Entwicklungsgeschwindigkeit*:
   Die beste Möglichkeit, die Kosten eines Projekts vorherzusagen, besteht in der Betrachtung ähnlicher früherer Projekte mit den gleichen Technologien und demselben Team. Wenn ähnliche Projekte nicht verfügbar sind, findet sich die nächstbeste Möglichkeit zur Kostenprognose in kürzeren Sprints. Wenn die Entwickler lernen, wie sie mit den Teamkollegen und den eingesetzten Technologien arbeiten, bildet sich eine stabile Entwicklungsgeschwindigkeit (Menge der entwickelten Funktionalität pro Sprint) heraus. Wenn die Entwicklungsgeschwindigkeit sich mit einer akzeptablen Standardabweichung eingependelt hat, können Sie vorsichtig die Entwicklungsgeschwindigkeit für die Zukunft prognostizieren. Damit können Sie die Kosten und die Laufzeit des Projekts ermitteln. Denken Sie aber stets daran, dass es sich hierbei um eine Vorhersage und nicht um eine Garantie handelt.

5. *Möglichkeiten zum Lernen*:
   Menschen wollen erfolgreich sein. Wenn Menschen lernen, Fahrrad oder Ski zu fahren oder Schlittschuh zu laufen, findet das Lernen in der Regel in kurzen Zyklen statt. So kann man bei Fehlschlägen schnell darüber reflektieren, was falsch gelaufen ist, und geeignete Veränderungen vornehmen. Dann probiert man es nochmal. Kürzere Sprints verkürzen die Lernzyklen.

6. *Risikokontrolle*:
   Möglicherweise ist der gewünschte Return on Investment für das Projekt nicht erreichbar. Wenn der Markt unbeständig oder unbekannt ist, die Technologien nicht ausgereift und die Entwickler unerfahren im Anwendungsbereich sind, ist es wichtig, Informationen über Kosten und Nutzen sehr früh zu gewinnen. Kürzere Sprints liefern diese Informationen und erlauben es, den Projektverlauf häufiger von außen zu kontrollieren. So muss weniger Geld

investiert werden, bevor man herausfindet, dass eine Planänderung oder sogar der Projektabbruch notwendig ist.

Generell werden längere Sprints bei geringerem Risiko, geringerer Unbeständigkeit und geringerer Unsicherheit verwendet. Das ist z.B. häufig dann der Fall, wenn das entwickelte System nur intern im Unternehmen verwendet wird. Hier kommt der Druck für die Entwicklung vom Wunsch nach höherer Produktivität des Unternehmens oder geringeren Kosten und nicht aus der Tatsache heraus, dass IT-Produkte der Konkurrenz unsere Produkte überflügeln. In diesen und ähnlichen Fällen sind 30-Tage-Sprints meist mehr als ausreichend.

Sprint-Länge	Zeit für Sprint-Meetings	Summe der Zeiten für Sprint-Meetings in 30 Tagen	Zusatzkosten
30 Tage	2 Tage	2 Tage	
2 Wochen	1,8 Tage × 2	3,6 Tage	10.240 €
1 Woche	1,5 Tage × 4	6 Tage	25.600 €

Tab. 6–1   *Kosten kurzer Sprints*

Gründe gegen kürzere Sprints

Zwei zweiwöchige Sprints kosten mehr als ein vierwöchiger Sprint. Es gibt doppelt so viele Sprint-Planungen, Sprint-Reviews und Sprint-Retrospektiven. Das Scrum-Team muss doppelt so häufig Software entwerfen. Die natürliche Anlaufphase zu Sprint-Beginn findet doppelt so häufig statt.

Der Preis für kürzere Sprints ist der erhöhte Gesamtaufwand für Planungen und Reviews. Sie können den Mehraufwand als Opportunitätskosten oder eine Art Versicherungsprämie begreifen. Tabelle 6–1 zeigt beispielhafte Berechnungen für den Meeting-Overhead abhängig von der Sprint-Länge. Wenn wir für einen Vierwochen-Zeitraum den Meeting-Overhead für einen vierwöchigen Sprint mit dem von zwei zweiwöchigen und vier einwöchigen Sprints vergleichen, stellen wir einen höheren Meeting-Overhead bei kürzeren Sprints fest. Während die Kosten für die Daily Scrums immer gleich sind, steigen die Aufwände für Sprint-Planung, -Review und -Retrospektive. In unserem Beispiel sind wir von 128.000 € an Kosten für das Scrum-Team in einem Vierwochen-Zeitraum ausgegangen.

Mit Blick auf die größere Vorhersagbarkeit, die bessere Kontrolle und die höhere Flexibilität finden viele Organisationen den höheren Overhead für kürzere Sprints akzeptabel.

Vorsicht bei extremen Sprint-Längen

Wenn Sprints kürzer als eine Woche werden, kann das Entwicklungsteam an seine Grenzen stoßen. Es ist mitunter schlicht nicht in der Lage, in so kurzer Zeit benutzbare Inkremente herzustellen. Außerdem wird die gemessene Entwicklungsgeschwindigkeit mitunter stark schwanken.

Wir empfehlen, Sprints nicht länger als 30 Tage (bzw. einen Monat) zu machen. Wenn Sprints länger sind, treten häufig die folgenden Probleme auf:

1. Die Stakeholder verlieren die Aufmerksamkeit und vergessen das Projekt.
2. Die Zahl der Anforderungen für den Sprint wird größer und die Gesamtkomplexität steigt überproportional an. Um mit der gestiegenen Komplexität umgehen zu können und sich an frühere Entscheidungen im selben Sprint zu erinnern, benötigt das Team mehr Dokumentation und möglicherweise spezialisierte Werkzeug für den Entwurf.
3. Die Menge der zu begutachtenden Informationen wird enorm und darauf basierende Entscheidungen werden zäh, sodass die Effektivität der kurzen Scrum-Meetings zerstört wird.

Stabile Sprint-Länge innerhalb eines Projekts

Wenn möglich sollte die Sprint-Länge während eines Entwicklungsprojekts nicht verändert werden. Entwicklungsteams sind dann am leistungsfähigsten, wenn sich ein Arbeitsrhythmus herausbildet. Nach sechs 30-Tage-Sprints entwickeln Entwickler ein Muster, wie sie ihre Arbeit formulieren und erledigen. Wenn dieses Team auf einwöchige Sprints wechselt, arbeitet es zunächst im gewohnten 30-Tage-Muster, das dann aber zu ausgedehnt ist. Oft plant das Team dann zu viel Arbeit für die ersten drei Sprints nach der Längenänderung ein. Das Team muss jedes Mal einen neuen Rhythmus finden, wenn sich die Sprint-Länge ändert. Dieses Einpendeln geht immer zulasten der Produktivität. Eine stabile Sprint-Länge ist produktiver.

Natürlich gibt es gute Gründe, aus denen ein Wechsel der Sprint-Länge angebracht sein kann. Das kann z.B. der Fall sein, wenn die Sprint-Ergebnisse desaströs waren. Vielleicht hat das Entwicklungsteam nicht gut miteinander gearbeitet, eventuell waren die Anforderungen unklar oder es wurde zu viel Zeit in ein bestimmtes Problem investiert oder neue Probleme sind aufgetreten. Diese Probleme werden mit kürzeren Sprints früher sichtbar. Mit kürzeren Sprints kann man früher entscheiden, die Arbeit an ein anderes Team zu geben oder die Teamzusammensetzung zu ändern. Verändern Sie also die Sprint-Länge, wenn es notwendig ist, aber nicht öfter. Wenn Sie ständig die Sprint-Länge variieren, verlieren alle

Beteiligten den Fokus, die Klarheit und das Verständnis darüber, was möglich ist. Softwareentwicklung ist komplex. Vereinfachen Sie sie, wo immer es möglich ist.

Ein Beispiel eines Scrum-PRN-Projekts

Fidelity Investments hat Scrum 1997 eingesetzt, um seinen Kunden webbasierte Dienstleistungen anzubieten. Kunden von Charles Schwab und E-Trade verwalteten zu der Zeit bereits ihr Vermögen online. Die Fidelity-Kunden konnten dies nicht. Damals war Fidelity eine strikte Wasserfallorganisation. Es waren bereits mehrere Versuche gescheitert, webbasierte Dienstleistungen zu entwickeln. In ihrer Verzweiflung probierte Fidelity Scrum aus. Innerhalb weniger Monate wurde die erste Version von Fidelity.com entwickelt und den Kunden zur Verfügung gestellt. Binnen 18 Monaten hatte Fidelity zu der Konkurrenz aufgeschlossen. Das Projekt wurde für erfolgreich erklärt und Scrum wurde eingemottet.

Fidelity hatte gelernt, wie es Scrum für ein kritisches Problem anwenden konnte. Die nächste sieben Male, als Fidelity kritische Softwareentwicklungen vor sich hatte, verwendete Fidelity Scrum. Allerdings konnte Fidelity von den Projekten nicht so stark profitieren, wie es der Fall gewesen wäre, wenn sie dauerhaft eigene Scrum-Erfahrungen aufgebaut und bewahrt hätten. Jedes Scrum-Projekt hätte effektiver sein können als das vorangegangene. Wie auch immer: Fidelity hat sich entschieden, Scrum nur in Notfallsituationen zu verwenden: Scrum PRN.

Das nächste Kapitel

Im nächsten Kapitel beschreiben wir, wie man schrittweise den Nutzen aus Scrum vergrößern kann, indem man Scrum dauerhaft installiert. Scrum wird zu einer dauerhaften, messbaren Institution im Unternehmen, in der störungsfrei und fokussiert gearbeitet werden kann, um den Nutzen für das Unternehmen zu maximieren.

7   Scrum-Fähigkeiten entwickeln

Der nächste Schritt nach Scrum PRN ist das Scrum-Softwarestudio. Das Softwarestudio ist eine dauerhafte Einrichtung im Unternehmen, in dem Scrum-Projekte mit wenig Overhead gestartet und durchgeführt werden können. Das Softwarestudio ist eine neue organisatorische Einheit in Ihrem Unternehmen. Einige Unternehmen führen alle Projekte mit dem Softwarestudio durch, andere nutzen es nur für Projekte mit besonderen Eigenschaften bzgl. Komplexität, Risiko oder Größe. Wie Scrum PRN vermeidet das Softwarestudio die Schwierigkeiten und Risiken, die mit einer unternehmensweiten Scrum-Einführung einhergehen.

Das Softwarestudio ist auch als Software-Factory bekannt [Greenfield 2004]. Allerdings legt der Begriff »Fabrik« nahe, dass sich wiederholende, standardisierte und einfache Arbeit erledigt wird. Softwareentwicklung ist aber weder repetitiv noch einfach.

Das Softwarestudio ist eine lernende Organisationseinheit

Viele Unternehmen, die Scrum anwenden, brauchen mehrere Jahre, um den vollen Nutzen zu schöpfen. Zu Beginn sind die Scrum-Projekte bereits produktiver und einfacher zu managen als vorher. Allerdings stellen sich die wirklich großen Vorteile bzgl. Qualität, Wertschöpfung und Nutzung der Mitarbeiterpotenziale nur langsam ein. Das Unternehmen muss sich systematisch auf der Basis dessen, was es in jedem einzelnen Projekt lernt, weiterentwickeln. Das Softwarestudio ist der Ort, wo sich dieses Wissen ansammelt und die Vorteile daraus gezogen werden [Nonaka & Takeuchi 1995].

Jegliche Arbeit im Softwarestudio wird nach Scrum erledigt. Jedes Entwicklungsprojekt trägt zum Wissen und zur Erfahrung im Softwarestudio bei. Damit hilft jedes Projekt den nachfolgenden Projekten, noch produktiver und wertschöpfender zu arbeiten.

Das Softwarestudio entwickelt seine eigene auf Scrum basierende Kultur. Jeder, der diese Kultur nutzen möchte, um Software zu entwickeln, kann vom

Softwarestudio Gebrauch machen. Er oder sie muss sich für das Projekt allerdings an die kulturellen Normen des Softwarestudios anpassen. Nur diejenigen, die bereit sind, Scrum anzuwenden, können das Softwarestudio nutzen. Alle anderen erledigen ihre Arbeit weiter wie bisher.

Der Studiomanager

Zuerst muss jemand gefunden werden, der das Softwarestudio aufbaut und führt. Der Studiomanager ist auch ein Scrum Master. Sein Job besteht darin, das Studio am Laufen zu halten und optimale Bedingungen für Scrum zu schaffen. Der Studiomanager

- sollte einen mehrjährigen Hintergrund als Scrum Master haben,
- sollte ein grundsätzliches Verständnis der Softwareentwicklung mitbringen,
- sollte Erfahrungen in Change Management und Moderation haben,
- schult und coacht die Entwickler im Studio,
- sorgt dafür, dass die Scrum Master der Projekte ihre Arbeit gut erledigen,
- hilft dabei, möglichst gute Projektergebnisse zu erzielen, und
- verbessert schrittweise die Fähigkeiten des Softwarestudios, sodass nachfolgende Projekte effizienter und effektiver werden.

Der Studiomanager sucht ständig nach den besten Hilfsmitteln für die Softwareentwicklung im Studio: Werkzeuge, Praktiken und Automatisierungshilfen. Zu Beginn werden das häufig sehr einfache rudimentäre Hilfsmittel sein. Je länger das Softwarestudio existiert, desto ausgefeilter werden die verwendeten Werkzeuge sein.

Der Studiomanager strebt danach, eine Umgebung zu schaffen, die es erlaubt, wettbewerbsfähige, innovative Software zu geringstmöglichen Kosten zu entwickeln. Als Minimalziel sollen neue Scrum-Projekte einfacher gestartet werden können.

Ausbildung und Nutzungsbedingungen

Es kann schwierig sein, etwas komplett Neues wie Scrum zu lernen. Die Menschen müssen bereit dazu sein, einen völlig neuen Weg zur Softwareentwicklung zu erlernen. Nur wenn diese Bereitschaft vorhanden ist, kann das Lernen erfolgreich sein. Außerdem sollte man sich darauf einstellen, dass auch eine gehörige Portion Schweiß notwendig sein wird. Wenn das Unternehmen alle Projekte im Softwarestudio durchführen will, müssen alle Beteiligten wirklich dazu bereit sein, auf diese neue Art zu arbeiten.

Erstbenutzer des Softwarestudios durchlaufen eine zweitägige Scrum-Grundlagenschulung, in der Scrum und die dahinterliegenden Theorien und Prinzipien erläutert werden. Sie werden an verschiedenen Übungen teilnehmen, bis sie das Scrum-»Feeling« und den Scrum-Arbeitsfluss verstanden haben. Außerdem werden die grundlegenden Regeln der Zusammenarbeit, Termine für die Scrum-Meetings, die Sprint-Länge etc. vereinbart.

Die konkret vereinbarte Arbeitsweise wird festgehalten. Möglicherweise müssen neue Techniken für die folgenden Aspekte etabliert werden:

- Belohnungssysteme auf Basis der Teamleistung statt individueller Leistung
- Berichtswege und Leistungsbeurteilung
- Umgang mit Konflikten
- Umgang mit problematischen Teammitgliedern
- Eskalation von Hindernissen

Außerdem gibt es einen Überblick über die Ausstattung des Softwarestudios, sodass die Beteiligten wissen, welche Hilfsmittel zur Verfügung stehen, wie sie genutzt werden und wie sie bei Bedarf Hilfe erhalten können.

Das Team wird zusammengestellt und ein erstes Team-Building findet statt, in dem die Teammitglieder sich gegenseitig kennenlernen. Das erfolgt in simulierten Problemlösungssituationen, in denen die Beteiligten auch lernen, wie man mit Konflikten sinnvoll umgeht. Schließlich sind Konflikte in selbstorganisierten Teams üblich, einfach weil unterschiedliche Ideen zur Problemlösung existieren.

Die Mitglieder eines Scrum-Teams im Softwarestudio unterschreiben die Benutzungsbedingungen und können im Gegenzug Gebrauch von den Möglichkeiten des Studios machen. Die Benutzungsbedingungen schaffen ein grundlegendes gemeinsames Verständnis darüber, was die Beteiligten beisteuern müssen. Abbildung 7–1 zeigt typische Nutzungsbedingungen.

1. Jedes Projekt hält sich an den Scrum-Prozess und seine Prinzipien. Die Prinzipien sind Empirie, Bottom-up-Intelligenz und Selbstorganisation.

2. Jedes Projekt wird von einem Scrum-Entwicklungsteam mit Product Owner und Scrum Master entwickelt. Das Entwicklungsteam besteht aus maximal neun Teammitgliedern.

3. Der Scrum Master muss Erfahrungen mit dem Management von Scrum-Projekten haben. Wenn der Scrum Master keine ausreichende Erfahrung hat, wird er von Scrum-Studio-Coaches begleitet.

4. Der Product Owner arbeitet aktiv mit dem Entwicklungsteam zusammen, um die Anforderungen zu formulieren, Inkremente zu inspizieren und empirisch zu adaptieren, um den Geschäftswert des Projekts zu optimieren und die Vision zu erreichen. Der Product Owner ist eine aktive Rolle.

5. Das Scrum-Entwicklungsteam besteht aus Softwareentwicklern, die alle Fähigkeiten besitzen, um die Anforderungen des Product Owner in benutzbare Funktionalitäten umzusetzen.

6. Während des Projekts werden vorher bestehende Berichtswege ausgesetzt.

7. Jedes Inkrement ist nach der Scrum-Definition »transparent« und »vollständig«.

8. Das Scrum-Team benutzt moderne Entwicklungstechniken und -werkzeuge, die das Softwarestudio zur Verfügung stellt. Wenn nötig, wird das Team in diesen Techniken und Werkzeugen ausgebildet.

9. Das Projekt wird die Unternehmensstandards erfüllen und den Regeln, Vorgehensweisen und Standards des Softwarestudios gehorchen.

10. Soweit möglich, wird das Scrum-Team im Softwarestudio in einem Raum arbeiten. Die Teammitglieder arbeiten in Vollzeit im Projekt mit.

11. Das Scrum-Team benutzt die Metriken des Softwarestudios, um seine Arbeit zu managen.

12. Die Mitglieder des Scrum-Teams tragen dazu bei, die Wissensbasis des Softwarestudios zu verbreitern und zu vertiefen, indem sie ihre Erfahrungen aus dem Projekt beisteuern.

Ich stimme den oben genannten Benutzungsbedingungen zu.

Unterschrift _____   Datum _____

Abb. 7–1   *Nutzungsbedingungen für das Softwarestudio*

Wenn neue Scrum-Teams das Softwarestudio benutzen wollen, werden ihr Hintergrund, ihre Erfahrungen und ihre Fähigkeiten bewertet. Außerdem wird ihr Projekt hinsichtlich der Kritikalität, der Wertschöpfung und des Zeitplans evaluiert. Auf dieser Basis wird eine sinnvolle Unterstützung für das Projekt und das Team konzipiert. Wenn die Kapazitäten des Softwarestudios erschöpft sind, wird ggf. externe Unterstützung organisiert. Das Ziel ist allerdings, die Unterstützung selbst gewährleisten zu können.

Die Ausstattung des Softwarestudios

Zu Beginn ist das Softwarestudio selten mehr als ein Coaching-Angebot. Der Erfolg des Studios sollte dann zu schrittweisen Investitionen in die Ausstattung führen, sodass die durchgeführten Projekte immer effektiver werden. Die Ausstattung des Studios unterscheidet sich zum Teil drastisch von dem, was man in klassischen Projekten vorfindet:

1. *Arbeitsumgebung*:
   Scrum-Teams arbeiten am effektivsten in offenen Räumlichkeiten, die eine Zusammenarbeit unterstützen. Das bedeutet, dass die Räume so gestaltet sein sollten, dass die Teammitglieder frei und ungehindert miteinander interagieren können. Außerdem sollte an jedem Arbeitsplatz so viel Platz zur Verfügung stehen, dass dort zwei oder drei Entwickler zusammenarbeiten können. Die Stühle sollten komfortabel und die Tische leicht zu bewegen sein. Internetzugang, Netzwerk und Server für die Entwicklung sollten sofort zur Verfügung stehen und die benötigten Softwarewerkzeuge sollten bereits vorinstalliert sein. Die Hardware sollte einen Beamer oder einen sehr großen Monitor beinhalten und in den Meetingbereichen sollten Whiteboards vorhanden sein. Es sollte auch genügend Platz für Besucher und temporäre Teammitglieder geben. Es kann notwendig sein, dass die Räumlichkeiten umgestaltet werden, wenn sich Bedürfnisse ändern.

2. *Softwareentwicklungstools und -praktiken*:
   Das Scrum-Team benötigt eine vollständig automatisierte Entwicklungsumgebung, sodass neuentwickelte oder geänderte Software sofort getestet werden kann. Es sollte möglich sein, sowohl kleine Tests in Form automatisierter Unit Tests wie auch große Tests in Form funktionaler Tests durchzuführen. Außerdem müssen kritische Tests zu Stabilität, Performance und Sicherheit durchgeführt werden. Es werden schlanke Qualitätstechniken angewendet, um die Qualität von Beginn an in die Software einzubauen, statt zu versuchen, die Qualität nach der Entwicklung in die Software »reinzutesten«. Das Entwicklungsteam wird sich zunächst überlegen, was es genau und wie entwickeln will, indem es z.B. vor der Realisierung die Tests spezifiziert, die die Software später bestehen muss. Erst danach implementiert das Team die Software, die die Tests dann bestehen sollte. Wenn zwischendurch Tests nicht mehr funktionieren, stoppt die Entwicklung, bis der Fehler gefunden und beseitigt wurde. Unvollständige oder fehlerbehaftete Arbeitsergebnisse kosten Geld. Je mehr sich davon ansammelt, desto größer werden die Kosten, die man auch technische Schuld (engl. technical debt) nennt. Die Kosten steigen überproportional mit der Menge angehäufter unvollständiger oder fehlerbe-

hafteter Arbeitsergebnisse. Das Entwicklungsteam muss nicht nur dafür sorgen, dass die neue Funktionalität die zugehörigen Tests besteht. Es muss außerdem sicherstellen, dass die alten Tests weiterhin funktionieren. Das Gesamtprodukt muss mindestens zu jedem Sprint-Review lieferfähig sein.

3. *Planung und Reporting*:
   Das Studio stellt einen vollständigen Satz an Regeln und Techniken für standardisierte Planung, Kontrolle und Risikomanagement zur Verfügung. Das Studio stellt Vorlagen für die entsprechenden Artefakte bzw. Dokumente bereit. Der Umgang mit ihnen ist verbindlich für die Arbeit im Softwarestudio geregelt.

Veränderungen und Probleme

So wie jedes einzelne Scrum-Projekt lebt auch das Scrum-Studio den kulturellen Wandel vor, der für Empirie und Selbstorganisation notwendig ist. Das ist nicht immer einfach, weil Scrum so anders ist. Zunächst ist Scrum für alle Beteiligten rätselhaft. Es ist ohne Frage besser als vorhersagende Entwicklung, aber die althergebrachten Verhaltensweisen sind immer noch fest verdrahtet. Nur die praktische Arbeit mit Scrum führt zu Einsichten, die den Wandel vom vorhersagenden zum empirischen Prozess ermöglichen. Tabelle 7–1 zeigt einen Fragebogen, der hilft, den Wandel zu gestalten.

Im ersten Teil des Fragebogens fragen wir die Teilnehmer nach ihren Erfahrungen mit Scrum. Dabei sollen sie angeben, ob sie den Aussagen vollständig, teilweise oder gar nicht zustimmen.

Wenn ein Manager den meisten Aussagen zustimmt, kann er sich vermutlich auf Scrum einlassen. Das bedeutet, dass der Manager nicht alleine auf klassische dysfunktionale Managementtechniken setzt, die das Team stören, seine Kreativität und Motivation reduzieren und seine Produktivität senken. So ein Manager wird keine Versprechungen gegenüber Dritten machen, was das Team bis zu einem bestimmten Datum entwickeln kann. Er wird das Team auch nicht in ein Commitment für eine gegebene Funktionalität zu einem spezifischen Termin zwingen. Der Manager wird Aufgaben Entwicklern zuweisen und er wird den Entwicklern nicht sagen, wie sie ihre Arbeit zu erledigen oder zu organisieren haben. Er wird auch keinen Druck auf das Team ausüben, damit es härter arbeitet, um das Versprechen zu halten, das der Manager gegenüber anderen gemacht hat. Zusammengefasst besteht die Herausforderung darin, sein Verhalten an das anzupassen, was man eigentlich schon immer wusste. Das Wissen darum, was zu tun ist, findet durch tägliches konkretes Anwenden Eingang in die Verhaltensweisen.

Bereich	volle Zustimmung, teilweise Zustimmung, keine Zustimmung	Aussage
Motivation		Menschen sind dann am produktivsten, wenn sie ihre Arbeit selbst organisieren.
Motivation		Menschen nehmen ihre eigenen Commitments ernster als Commitments, die andere für sie abgegeben haben.
Motivation		Menschen haben viele kreative Momente, wenn sie nicht aktiv arbeiten.
Motivation		Menschen tun immer das Beste, was sie können.
Motivation		Unter dem Druck, »härter zu arbeiten«, reduzieren Menschen automatisch die Qualität ihrer Arbeit. Das gilt besonders für Softwareentwickler.
Teams		Teams sind produktiver als die gleiche Menge an Menschen, die alleine arbeitet.
Teams		Produkte werden robuster, wenn das Entwicklungsteam cross-funktional zusammengesetzt ist und das Produkt aus verschiedenen Perspektiven betrachten kann, z.B. Support, Wartung, Entwicklung, Qualität, Marketing und Usability.
Teams		Änderungen an der Teamzusammensetzung führen für eine gewisse Zeit zu reduzierter Produktivität.
Leistung		Teams und Menschen können dann ihr Bestes geben, wenn sie nicht gestört werden.
Leistung		Teams verbessern sich am besten, wenn sie ihre eigenen Probleme lösen und schrittweise dazu lernen.
Leistung		Persönliche offene Kommunikation von Angesicht zu Angesicht (Face to Face) ist die effektivste Art der Kommunikation.

Tab. 7–1   *Meinungsumfrage*

Management nach Zahlen

Alle Projekte im Softwarestudio werden mit Metriken gemessen. Jedes Projekt benutzt einen Standardsatz von Metriken.

Das Scrum-Team benutzt die Metriken, um seine Leistung zu messen und zu verbessern sowie um Projekt- und Managementberichte zu erstellen.

Die Metriken werden in ein Studio-Dashboard integriert, das Projekthistorien und Trends aufzeigt. Die Metriken werden außerdem benutzt, um Kosten und Nutzen des Softwarestudios zu bewerten. Auf dieser Basis werden auch Investitionen in Verbesserungen des Softwarestudios diskutiert. Das Unternehmensmanagement kann auf Basis der aggregierten Metriken den Return on Investment (ROI) des Studios bewerten und so darüber entscheiden, ob das Softwarestudio ausgebaut oder zurückgebaut wird. Abbildung 7–2 zeigt die wichtigsten Metriken des Dashboards. Jede Metrik kann wiederum untergeordnete Metriken besitzen.

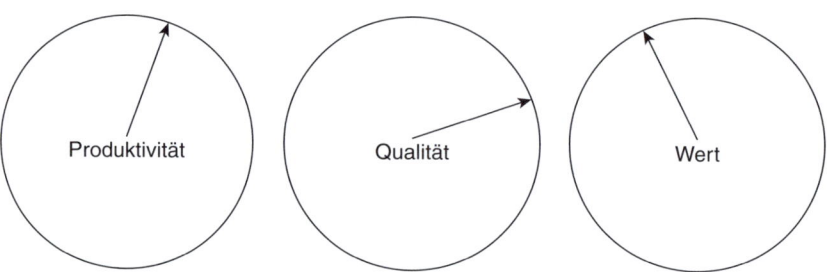

Abb. 7–2   *Das Projekt-Dashboard*

1. *Produktivität* ist die Menge der Geschäftsfunktionen, die für eine bestimmte Menge an Geld entwickelt werden kann (z. B. je 100.000 €). Die Produktivität heißt auch Geschwindigkeit (engl. velocity). Damit wird nicht gemessen, wie viel Wert tatsächlich geschaffen wurde, sondern nur wie viele Funktionen umgesetzt wurden. Zu Beginn wählt man für die Metrik irgendeine Menge an Funktionalität und misst diese. Die Menge der Funktionalität wird in Function Points angegeben, einem objektiven und abstrakten Maß, um die Komplexität von Software zu messen [Albrecht 1979, S. 83–92]. Function Points sind standardisiert und können auf andere Stellen im selben Produkt oder auf andere Produkte angewendet werden. Jegliche Funktionalität wird relativ zur ursprünglich gewählten Menge an Funktionalität gemessen. Diese Messgröße (die Menge an Funktionalität gemessen in Function Points) wird die normalisierte Metrik im Studio. Die ausgewählte Basisfunktionalität muss regelmäßig kalibriert werden, um Konsistenz sicherzustellen.
2. *Qualität* wird in Fehlern relativ zur Arbeitsstandardgröße des Studios gemessen. Fehler werden für einen Dreimonatszeitraum ab Release summiert.
3. *Wert* ist die Messgröße, die angibt, wie wertvoll die gelieferte Funktionalität für das Unternehmen ist. Es ist eine Metrik für die Effektivität (in Prozent) jedes für Softwareentwicklung ausgegebenen Euros. Die Wertmetrik beinhaltet nicht den Marktwert. Der Marktwert gibt die Ergebnisseite des ROI wieder und ist nicht Gegenstand unserer Diskussion hier. Im Durchschnitt werden weniger als 10 % jedes für Softwareentwicklung ausgegebenen Euros in die Entwicklung neuer wertvoller Funktionalität investiert. Der Rest wird verplempert. Eine große Menge Geld wird in die Wartung existierender Funktionalität gesteckt. Ein anderer großer Kostenblock ist die Entwicklung von Funktionalität, die selten oder nie benutzt wird. Heute wird immer noch der

größere Anteil jedes Euros in Software investiert, die vielleicht irgendwo nützlich sein könnte, aber für das investierende Unternehmen keinen Mehrwert bringt.

Das Studio-Dashboard zeigt Trends bzgl. der Produktivität und Qualität, wie es z.B. in Abbildung 7–3 dargestellt ist.

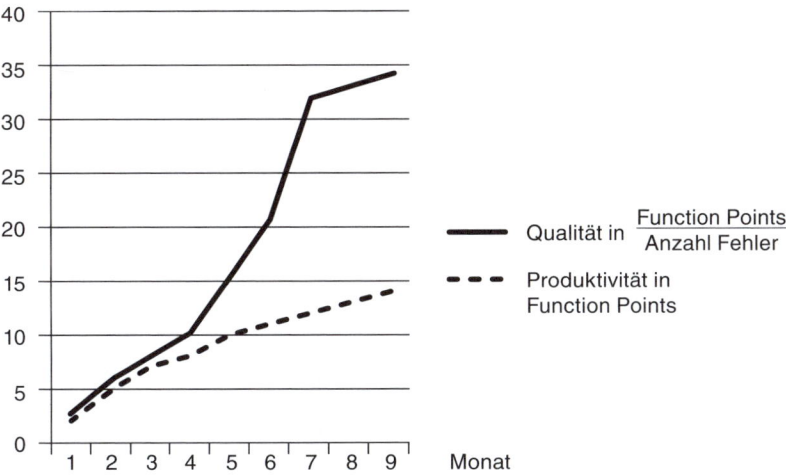

Abb. 7–3   *Produktivitäts- und Qualitätstrends im Dashboard*

Außerdem zeigt das Studio-Dashboard Historie und Trend des Werts und des ROI, wie in Abbildung 7–4 dargestellt.

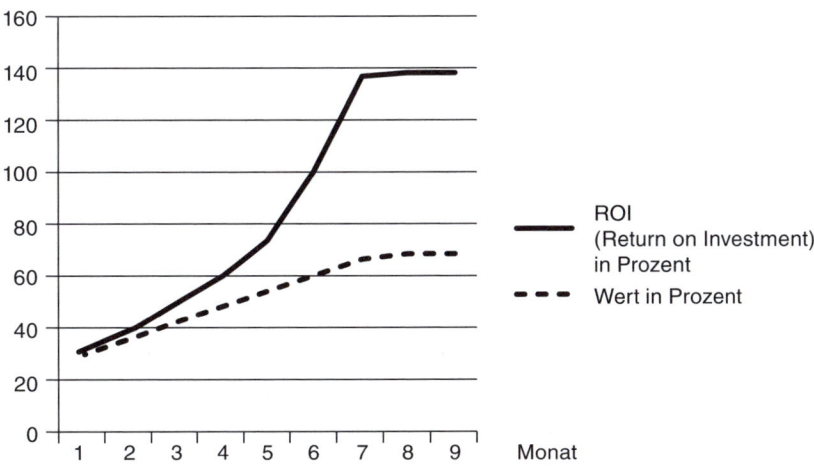

Abb. 7–4   *Trend für Wert und ROI im Studio-Dashboard*

Weitere mögliche Metriken sind:

1. *Gesamtbetriebskosten* (engl. Total Cost of Ownership):
    Ein Softwaresystem oder -produkt hat drei Kostenarten für die Entwick-
    lungsorganisation, die zusammen die Gesamtbetriebskosten darstellen:
    *   *Entwicklungskosten* sind die Kosten, die bei der Entwicklung anfallen.
    *   *Wartungskosten* sind die Kosten, die für Erhaltung, Wartung und Verbes-
        serung des Systems erforderlich sind.
    *   *Betriebskosten* sind die Kosten, für die den Betrieb anfallen.

    Die meisten Unternehmen behandeln diese drei Kostenarten unterschiedlich.
    Entwicklungskosten werden beispielsweise häufig getrennt betrachtet, weil
    sie kapitalisiert werden können. Wartungs- und Betriebskosten werden hin-
    gegen als Aufwand verbucht.

2. *Projekte*:
    Die Anzahl der Projekte, deren Daten man aggregiert hat, wird dargestellt.

3. *Studio-ROI*:
    Der Studio-ROI misst den kumulierten ROI über alle Projekte, die im Studio
    durchgeführt wurden (Summe der geschaffenen Werte/Studiokosten). Er ist
    außerdem ein Messwert für die Einsparungen, die durch Verbesserungen des
    Softwarestudios erzielt wurden im Vergleich zu den Investitionen in das Stu-
    dio. Viele Unternehmen kennen die Produktivität ihrer Softwareentwick-
    lungsabteilung nicht. Insbesondere wissen sie nicht, wie werthaltig die gelie-
    ferte Funktionalität war. Das Scrum-Studio muss daher häufig selbst
    Metriken zur Messung der Produktivität entwickeln. Diese sind der Aus-
    gangspunkt für nachfolgende Verbesserungen.

Tabelle 7–2 zeigt einige Beispiele für Messungen, die im Studio durchgeführt werden können.

Quartal	Produktivität	Qualität	Wert	Studio-Ergebnis	Anzahl Projekte
1	2	0,7	30	1	1
2	5	0,7	35	4	4
3	7	1,0	42	8	8
4	8	2,0	48	12	12
5	10	5,0	54	20	20
6	11	10,0	60	40	40
7	12	20,0	66	70	120
8	13	20,0	68	70	260
9	14	20,0	68	70	560

Tab. 7–2   *Studio-Dashboard-Trends*

Entscheidungen, die während der Entwicklung gefällt werden, können erhebliche Auswirkungen auf die Gesamtbetriebskosten haben:

- Funktionalität, die selten benutzt wird, muss während der gesamten Lebenszeit des Systems gewartet werden und erhöht die Wartungs- und Betriebskosten.
- Die Qualität des Systems diktiert die Wartungskosten und die Kosten für zukünftige Verbesserungen des Systems. Software mit niedriger Qualität ist schwieriger zu verbessern als Software mit hoher Qualität und bedeutet für das Unternehmen eine teure Hinterlassenschaft.
- Die Wartbarkeit kann die Lebenszeit und den Nutzen der Software beschränken. Viele Unternehmen waren nicht wettbewerbsfähig, nicht einmal mit Scrum, weil die wichtigen Softwaresysteme in schlechter Verfassung waren und die ursprünglichen Entwickler das Unternehmen verlassen hatten.

Sie haben wahrscheinlich Erfahrungen mit den üblichen Metriken, wie z.B. »Earned Value«. Diese Metriken waren sehr wichtig für Sie, weil Sie keine andere Möglichkeit hatten, den Fortschritt und das Risiko laufender Projekte zu bewerten. Scrum ersetzt diese Metriken durch belastbare, konkrete Ergebnisse am Ende jedes Sprints. Sie bekommen ein stabiles Software-Inkrement, das sofort benutzt werden kann. Alle Messungen sind dem Geschäftswert und den Kosten dieser Funktionalität untergeordnet.

Metriken basieren auf Transparenz

Sie interessieren sich für Scrum, weil Sie wissen wollen, was wirklich los ist. Sie wollen Arbeit so organisieren, dass der größtmögliche Nutzen für Ihr Unternehmen und die Kunden entsteht. Scrum stellt dafür die Grundlagen zur Verfügung:

1. Sie wissen jederzeit, wie viel Funktionalität noch entwickelt werden muss. Selbst, wenn Sie viele Änderungen vornehmen, können Sie jederzeit prognostizieren, wie viel noch zu tun ist.
2. Sie wissen jederzeit, welche Funktionalität implementiert wurde. Implementierte Funktionalität ist sinnvoll verwendetes Geld.
3. Sie wissen, wie viel Funktionalität in den letzten Sprints entwickelt wurde. Damit können Sie vorhersagen, wie lange es dauern wird, die restliche Funktionalität zu entwickeln. Dabei haben Sie stets im Hinterkopf, dass es sich um komplexe Arbeit handelt und dass sich die Zukunft ändern kann. Aber eine grobe Idee über die Zukunft ist besser als keine Idee.
4. Sie können ein oder mehrere Inkremente einsetzen und so Geschäftswert schaffen.

Alles, was Scrum Ihnen sonst noch bietet, basiert auf diesen Informationen. Sie können die Produktivität erhöhen, hohe Qualität liefern, großartige Arbeitsplätze schaffen, Kunden begeistern und Marktanteile gewinnen. Aber zuerst müssen Sie wissen, was Sie tun. Transparenz über das Inkrement und aus was es besteht, ist die Grundlage.

Ein fertiggestelltes, vollständiges Inkrement

Am Ende eines Sprints haben Sie ein Inkrement, das eine oder mehrere Anforderungen so weit umsetzt, dass es benutzt werden kann. Stellen Sie sicher, dass das Inkrement die Qualität hat, die für den Produktiveinsatz notwendig ist. Probieren Sie das Inkrement in Kombination mit den vorigen Inkrementen aus. Das Inkrement ist nur dann wirklich fertiggestellt, wenn es in Kombination mit den vorigen Inkrementen tatsächlich benutzt werden kann.

Wenn ein Inkrement nicht richtig funktioniert und nicht ausgeliefert und benutzt werden kann, akzeptieren Sie es nicht. Sagen Sie den Entwicklern, dass sie die Restaufwände schätzen sollen, die notwendig sind, um das Inkrement zu vervollständigen, und nehmen Sie diese Restaufwände ins Product Backlog auf.

Undurchsichtig statt transparent

Im Jahre 2002 konnten wir bei einem großen Energieversorger erleben, was aus mangelnder Transparenz entstehen kann. Scrum wurde in einer Abteilung pilotiert. Der Abteilungsleiter, David, war begeistert von der Transparenz, die Scrum lieferte. Leider hatte David nicht sichergestellt, dass die Inkremente fertiggestellt und benutzbar geliefert wurden. Er wusste nicht einmal, dass er dafür hätte sorgen müssen. Die Geschichte ereignete sich wie folgt:

David musste die Empfangsbestätigungen für Änderungen an Besitzverhältnissen automatisieren. Seine Abteilung zahlte zu Beginn des fiskalischen Jahres die Gebühren an die Landbesitzer. David musste sicherstellen, dass die Informationen, auf denen die Zahlungen basierten, aktuell waren. Er war verantwortlich für das Eigentum in den USA und in Kanada.

Jegliche Informationen über Änderungen an den Besitzverhältnissen kamen in gedruckter Form bei Davids Abteilung an. Die Datenmenge war immer weiter angewachsen und war jetzt zu groß geworden, um sie manuell zu verarbeiten. David wollte den Prozess automatisieren.

Er entschied, die Softwareentwicklung mit Scrum durchzuführen. Er wollte so nicht nur von der kompletten Software profitieren, sondern erste Inkremente früh in Betrieb nehmen.

Am Ende des dritten Sprints hatten die Entwickler die Empfangsbestätigungen und die Abwicklung der Besitzveränderungen für eine Region in Kanada automatisiert. Sie demonstrierten das Inkrement, indem sie SQL benutzten – eine technische Abfragesprache für Datenbanken. David war begeistert. Er sagte den Entwicklern, dass sie seinen Mitarbeitern SQL beibringen sollten. Die abgebildete Region in Kanada verursachte viel Arbeit und der Einsatz des Inkrements würde sofort eine Arbeitserleichterung mit sich bringen.

Aber das Entwicklungsteam sagte David, dass er das Inkrement noch nicht benutzen könne. David konnte es nicht glauben. Das Team sollte doch Inkremente entwickeln, die er sofort einsetzen konnte, wenn er es für sinnvoll erachtete. Er hatte das erste Inkrement begutachtet, das zweite und jetzt das dritte. Er wollte das erzielte Ergebnis verwenden, um schnell einen Nutzen für seine Abteilung zu generieren, während die Entwicklung parallel fortschreiten sollte.

Das Entwicklungsteam klärte David darüber auf, dass sie die Inkremente zu Demonstrationszwecken entwickelt hätten, dass sie aber nicht produktiv benutzt werden könnten. Es gab eine Menge offener Punkte, die den Produktiveinsatz verhinderten. Die Daten stimmten z.B. nicht immer und manchmal würden Daten verschwinden und die Datenbank würde beschädigt werden.

David fragte das Team, wie viel Arbeit noch offen sei, bevor die drei Inkremente benutzt werden könnten. Die Entwickler schätzten, dass sie nochmal zwei Sprints für die Fertigstellung der demonstrierten Funktionalität benötigen würden. David sagte dem Team, dass sie die Inkremente fertigstellen sollten.

Danach hatte David eine weitere, schwierigere Diskussion mit dem Entwicklungsteam. Er drückte seine Enttäuschung darüber aus, dass der Fortschritt nicht transparent war. David war es peinlich, dass er für Scrum geworben hatte und trotzdem nicht der tatsächliche Zustand der Software offenbart wurde. Er teilte dem Team auch mit, dass er jetzt in einer schwierigen Lage sei, weil er den Projektfortschritt auf Basis des sichtbaren Fortschritts an sein Management mitgeteilt hatte. Er hatte den Eindruck erweckt, dass er wüsste, wo das Projekt stehe. Jetzt müsste er gegenüber seinem Management eingestehen, dass das nicht das Fall gewesen wäre.

Was die Leute glaubten, was passiert

Vor dem Projektstart hatte David zusammen mit dem Scrum-Team einen Plan entwickelt. David sorgte dafür, dass jeder den Plan kannte und dass der Plan die bestmögliche Vorhersage enthielt. Er versprach jedem, dass er am Ende jedes Monatssprints den realen Fortschritt mit dem Plan abgleichen würde. Abbildung 7–5 zeigt den geplanten Burndown und den berichteten Fortschritt am Ende der ersten drei Sprints. Plan und Fortschritt stimmten überein.

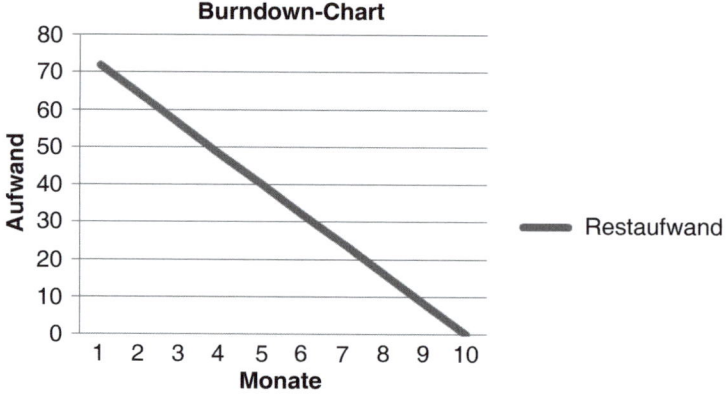

Abb. 7–5   *Plan und tatsächlicher Zustand stimmen überein.*

Was tatsächlich passierte

Die Entwickler im Scrum-Team hatten vorher noch keine Scrum-Erfahrung. Sie verstanden den Mechanismus: Iterationen, Inkremente, Sprints, Daily Scrums etc. Sie hatten aber nicht verstanden, wie wichtig Transparenz und fertiggestellte Inkremente waren. Vorher hatten sie nach dem Wasserfallprozess gearbeitet, bei dem das Ergebnis erst ganz am Ende aus den Einzelteilen zusammengesetzt wurde. Die Entwickler nahmen an, dass dies auch in Scrum der Fall sein würde. Sie würden in jedem Sprint so viel wie möglich entwickeln. Und wenn David das Ergebnis einsetzen wollte, würden sie zusätzliche Zeit bekommen, um die Arbeiten abzuschließen. Danach könnte David die Software benutzen.

Das Entwicklungsteam hatte das Projekt zusammen mit David geplant und dabei seine aktuellen Fähigkeiten benutzt. Diese Fähigkeiten reichten aber nicht aus, um am Ende jedes Sprints vollständig fertiggestellte Software zu liefern. Sie waren noch dabei, die notwendigen Entwicklungstechniken zu erlernen und die erforderlichen Entwicklungswerkzeuge waren bestellt, aber noch nicht verfügbar. Sie waren schlicht nicht in der Lage, Inkremente fertigzustellen und mehrere Inkremente in ein funktionsfähiges Ganzes zu überführen, so wie es Abbildung 7–6 zeigt. Am Anfang des Projekts gingen sie davon aus, dass sie die Software wirklich benutzbar machen würden, wenn alle Sprints abgeschlossen wären.

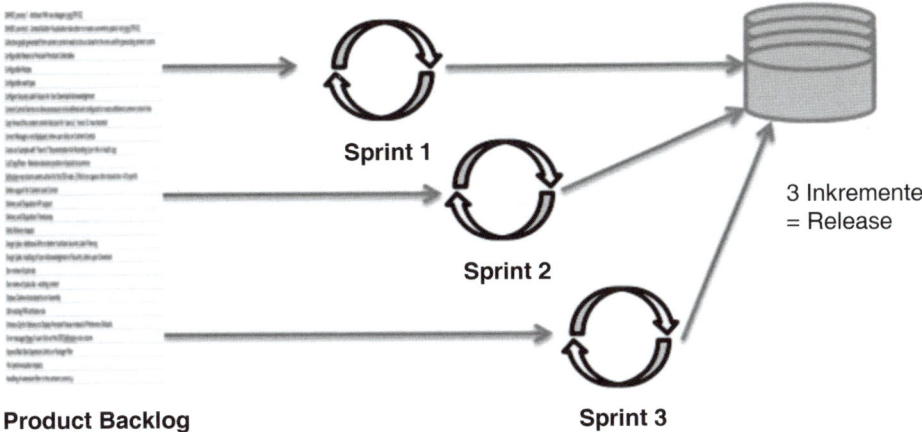

Product Backlog   **Sprint 3**

Abb. 7–6   *Inkrementeller Fortschritt in benutzbarer Funktionalität*

David ging von Transparenz und Vorhersagbarkeit aus. Das Entwicklungsteam verstand allerdings nur die Scrum-Mechanik. Sie wendeten die Formfehler des Wasserfalls auf Scrum an.

Durch Transparenz der Inkremente sollte David Risiken managen können und Vorhersagbarkeit erhalten. Zu Projektbeginn erstellte David zusammen mit dem Scrum-Team einen Releaseplan. Nach dem ersten Sprint bewertete er den Fortschritt bezogen auf das Projektziel auf Basis des Inkrements, von dem er dachte, es wäre einsetzbar. Er entschied auf dieser Basis, was in Sprint 2 zu erledigen sei. Wenn er den tatsächlichen Fortschritt gekannt hätte, hätte er das Projekt möglicherweise abgebrochen. Weil das Inkrement für ihn nicht transparent war, konnte er diese Entscheidung nicht fällen.

Als das Entwicklungsteam die Restaufwände zur Fertigstellung der ersten drei Inkremente abschätzte, entstanden zusätzliche 14 Aufwandseinheiten. Die Diskrepanz zwischen dem Plan und dem Ist zeigt Abbildung 7–7, in der die »versteckten« 14 Aufwandseinheiten sichtbar gemacht wurden.

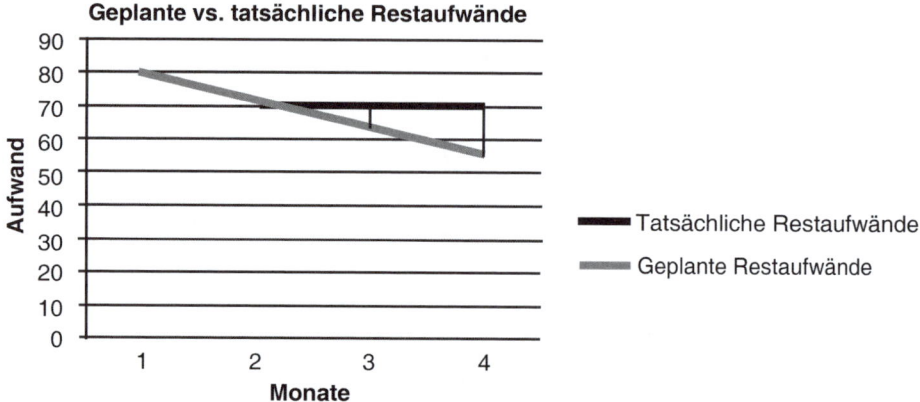

Abb. 7–7   *Tatsächliche vs. geplante Restaufwände*

Am Ende des dritten Sprints glaubte David, dass 30 % der Gesamtarbeit erledigt sei (so wie es in Abb. 7–5 dargestellt ist). Er dachte, er könne die 30 Prozent entwickelte Funktionalität bereits nutzen. Leider war das Inkrement nicht vollständig fertiggestellt. Wie Abbildung 7-7 zeigt, war die Diskrepanz zwischen Plan und Ist so groß, dass zwei zusätzliche Sprints notwendig waren, um die Funktionalitäten der ersten drei Sprints für den Einsatz fertigzustellen.

Wenn Sie, wie David, unfertige Inkremente akzeptieren, werden Sie selbst der Leidtragende sein. Unfertige Arbeit ist schwieriger fertigzustellen, wenn sie mit neuer Arbeit vermischt wurde. Unfertige Arbeit fördert Intransparenz und Sie können nicht mehr sicher sagen, wie groß der Fortschritt hinsichtlich des Ziels wirklich ist. Sie können außerdem keine belastbare Aussage mehr zu den realen Kosten des Projekts treffen. In Summe können Sie Ihre Investitionen nicht mehr sinnvoll managen.

Wenn ein Inkrement fertiggestellt ist, gibt es keine offene Arbeit mehr zu diesem Inkrement. Dieser Aspekt von Scrum ist zunächst schwer zu fassen. Er ist aber unbedingt notwendig, damit Scrum funktioniert.

Eine Analogie

Wenn in kalten Regionen der Erde die Temperaturen fallen, machen die Wasserleitungen in den Häusern Klopfgeräusche. Immer wenn Sie den Wasserhahn öffnen, die Spülmaschine anstellen oder die Waschmaschine in Gang setzen und dabei die Heizung angeht, schlagen die Leitungen gegeneinander und gegen die Wände. Manchmal hören sich die Geräusche wie ein Presslufthammer an, insbesondere, wenn es mitten in der Nacht passiert. Das Problem ist schwer zu beheben. Die Leitungen schlagen gegeneinander, weil sie nicht ausreichend fixiert wurden. Wenn sich die Leitungen lösen und gegeneinander schlagen, ist eine präzise Lokalisierung des Problems sehr schwierig. Die Leitungen schlagen mitunter nicht direkt dort gegeneinander, wo sich die Verankerung gelöst hat. Mit der Zeit lösen sich die Befestigungen immer weiter und das Problem verschlimmert sich. Häufig muss man zur Lokalisierung ein großes Loch in die Wand stemmen, die Isolierung entfernen und nachsehen, wo exakt das Problem liegt. Mit ein bisschen Glück findet man so die richtige Stelle und kann die Leitung wieder befestigen. Die Kosten für eine richtige Befestigung zum Installationszeitpunkt liegen nur minimal über den Kosten für eine schlechte Befestigung. Die Kosten für eine nachträgliche Reparatur sind hingegen immens.

Jedes Software-Inkrement sollte so solide sein wie eine korrekt installierte Leitung. Wenn wir weitere Inkremente auf Basis existierender Inkremente entwickeln, wollen wir nicht wieder zu den alten Inkrementen zurückkehren müssen, um sie zu reparieren. Spätere Korrekturen sind sehr viel teurer, als gleich in angemessener Qualität zu entwickeln. Dieses Phänomen unfertiger Arbeit heißt *technische Schuld* (engl. technical debt).

Technische Schuld vermeiden, um benutzbare Inkremente zu erhalten

Viele der Scrum-Entwicklungsteams, mit denen wir gearbeitet haben, waren initial nicht in der Lage, zum Sprint-Ende benutzbare Inkremente zu erstellen. Transparenz war in der Vergangenheit nicht gefordert, sodass den Teams häufig die Fähigkeiten und Werkzeuge fehlen, schnell vollständige, transparente Software zu erstellen.

Die Tabelle 7–3 zeigt in der ersten Spalte beispielhaft Tätigkeiten, die ein Entwicklungsteam erledigt, um Anforderungen aus dem Product Backlog in benutzbare Funktionalität zu überführen. Die zweite Spalte »klassisch (unfertig)« zeigt den Arbeitsaufwand, den das Team im vorhersagenden Prozess typischerweise investiert. So sind die Entwickler z.B. gewohnt, 12 Aufwandseinheiten in die Analyse von Anforderungen zu investieren. Zehn Aufwandseinheiten investieren sie typischerweise in den Architekturentwurf. Bei den Aufwandseinheiten handelt es sich um relative Zahlen: Das Team investiert also 20 % mehr Aufwand in die Anforderungsanalyse als in den Architekturentwurf. Die dritte Spalte »fertig« zeigt die notwendigen Aufwände, um fertiggestellte, transparente Inkremente zu entwickeln.

Aufgabe	klassisch (unfertig)	fertig
Anforderungsanalyse	12	25
Architekturentwurf	10	15
Designreview	2	5
Testkonzept (Systemtests, User Acceptance Tests, Integrationstests)	4	10
Review des Testkonzepts	0	3
Dokumentationskonzept	1	2
Review des Dokumentationskonzepts	0	1
Refactoring des existierenden Entwurfs	4	8
Entwurf Unit Tests für neuen Code	1	3
Entwurf Unit Tests für Code, der umgebaut werden soll	0	3
Neuen Code schreiben	7	10
Refactoring des Codes	2	6
Codereview (oder Pair Programming)	0	4
Schreiben funktionaler Tests	4	8
Schreiben von Integrationstests	2	4
Dokumentieren	2	4
Schreiben von Unit Tests	0	2
Fehler identifizieren und beseitigen	0	2
Subsystem bauen	2	6
Fehler identifizieren und beseitigen	1	1
Unit Tests für Subsystem	0	2
Fehler identifizieren und beseitigen	2	5
System bauen	1	1
Fehler identifizieren und beseitigen	0	2
Systemtests, funktionale Tests	1	2
Fehler identifizieren und beseitigen	1	4
Integrationstests	1	2
Fehler identifizieren und beseitigen	2	5
Performance-Tests	1	3
Fehler identifizieren und beseitigen	1	2
Sicherheitstests	1	2
Fehler identifizieren und beseitigen	0	2
Regressionstests	3	6
Fehler identifizieren und beseitigen	4	8
Tests dokumentieren	0	2
Fehler identifizieren und beseitigen	0	1
Gesamtaufwand	**72**	**171**
Technische Schuld	**99**	**0**

Tab. 7–3   *Definition von »fertig« (engl. Definition of Done)*

Der Gesamtaufwand, um das System komplett fertig zu entwickeln, liegt bei 171 Aufwandseinheiten. Die meisten Entwickler sind es gewohnt, nur den Aufwand von 72 (Spalte »klassisch (unfertig)«) zu investieren und eine technische Schuld im Umfang von 99 Aufwandseinheiten zu hinterlassen. Sprint für Sprint kumuliert sich die technische Schuld und erzeugt einen exponentiellen Schuldeneffekt bis zum Ende des Projekts.

Zeigen Sie dem Scrum Master und dem Entwicklungsteam Tabelle 7–3 vor dem ersten Sprint. Lassen Sie sie eine entsprechende Tabelle für das konkrete Projekt erstellen. Sorgen Sie dafür, dass das Team vor dem ersten Sprint herausfindet, wie es sicherstellen will, dass es tatsächlich fertige Inkremente abliefert. Sie können leicht überprüfen, ob das Team dann tatsächlich vollständige Inkremente entwickelt: Bitten Sie darum, gleich nach dem ersten Sprint das Inkrement nutzen zu dürfen. Wenn die Entwickler sagen, dass Sie das Inkrement nicht benutzen können, oder Sie bei der Benutzung herausfinden, dass das Inkrement nicht benutzbar ist, benötigen die Entwickler mehr Training und Praxis mit Scrum.

Adobe und technische Schuld

Adobe Premiere Pro ist der Marktführer bei Grafikdesign, Videobearbeitung und Webentwicklung für Videoproduktionen. BBC-Programme und *The Tonight Show* werden mit dieser Software produziert. Steve Warner (Division Vice President) ist für Premiere Pro verantwortlich. Peter Green war der Programmmanager der Creative Suite. Neue Standards und erhöhter Marktdruck zwangen sie, schnell neue Releases mit nennenswerten Neuerungen auf den Markt zu bringen.

Premiere Pro CS3 (Creative Suite, Release 3.0) wurde im Juli 2007 veröffentlicht. Für die Entwicklung wurden klassische Methoden verwendet und die Software wurde in einem großen Release nach 18 Monaten Entwicklungszeit auf den Markt gebracht. Als der Releasetermin näher rückte, integrierten die Entwickler die Einzelteile des Systems. Es gab viele klopfende Leitungen (z.B. Fehler). Die Zeit bis zum geplanten Releasetermin war zu kurz, um alle Probleme zu beseitigen. Der Releasetermin blieb aber bestehen und so wurde zum Releasetermin eine halbfertige Software veröffentlicht. Die Kundenreaktionen auf CS3 enthielten unter anderem folgende Kommentare:

» Wenn Sie ein einfach zu benutzendes Programm für die Videobearbeitung suchen, finden Sie es hier NICHT. Dinge, die ich erwartet hatte, kann es nicht. Oder ich konnte nicht herausfinden, wie.«[1]

* * *

» Diese Software ist notorisch schlecht beim Konvertieren von Videos und voller Speicherlecks. Wenn Sie eine große Videodatei nach MPEG2 konvertieren wollen, stürzt Premiere mit hoher Wahrscheinlichkeit aufgrund von Speicherlecks einfach ab. Die einzige bisher verfügbare Lösung für dieses Problem besteht darin, es neu zu starten und zu beten, dass es beim nächsten Mal klappt.«[2]

Das nächste Release, *Premiere Pro CS4*, sollte in erster Linie die Probleme mit CS3 beheben. CS4 sollte die Benutzbarkeit, die Stabilität und die Geschwindigkeit verbessern sowie die Speicherlöcher stopfen. Peter Green hatte von Entwicklungsverfahren mit kurzen Iterationen gehört und entschieden, davon Gebrauch zu machen. Ab jetzt sollten mit jedem Sprint vollständig fertiggestellte Inkremente entwickelt werden. Die Inkremente sollten zusammengenommen das neue Release ergeben, das Kunden wieder lieben würden. Peter Green wollte außerdem nach jedem Sprint die ganze Wahrheit über Zustand und Fortschritt des Projekts wissen. Daher nutzten mehrere der CS4-Teams Scrum.

Adobe hatte zusammengenommen mehr als hundert Entwickler, die in 18 Scrum-Teams an dem Release arbeiteten. Jeder wusste, dass es zu viel Arbeit sein würde, in jedem Sprint die Arbeiten der 18 Teams zu integrieren. Sie entschieden daher, mit der Integration bis kurz vor dem Releasetermin zu warten. Kurz vor dem Releasetermin versuchten die Teams, ihre Inkremente in ein Gesamtprodukt zu integrieren. All die Abweichungen der Inkremente zueinander und ungelösten Abhängigkeiten schlugen sich in Problemen mit der Software nieder. Abbildung 7–8 zeigt den Anstieg der Fehler. Die Entwickler arbeiteten heldenhaft an der Fehlerbehebung und taten ihr Möglichstes. Trotzdem mussten sie die Software verspätet mit vielen schweren Fehlern ausliefern. Die Namen der Entwickler bei Adobe, die aufgrund von Stress und Überarbeitung ärztlich behandelt werden mussten, sind heute noch jedem bekannt.

---

1.   Review auf Amazon.com vom 14.08.2007.
2.   Review auf Amazon.com vom 14.11.2008.

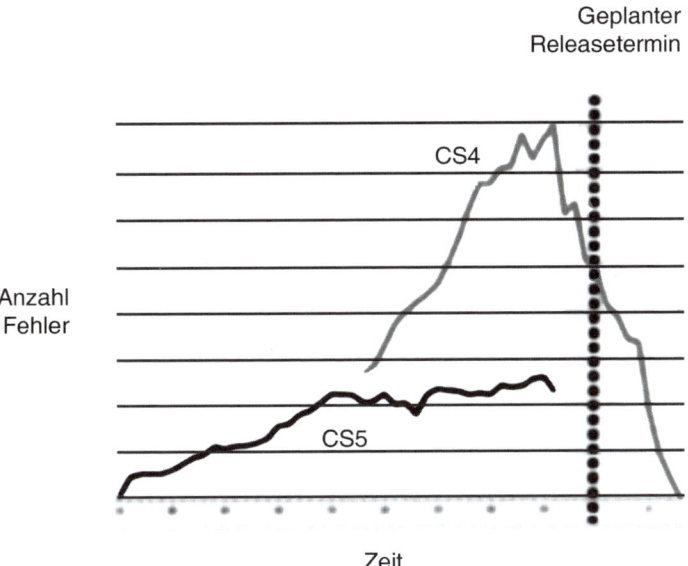

Abb. 7–8   *Fehler in Adobe CS4 und CS5*

CS4 wurde im September 2008 veröffentlicht und führte wie schon CS4 zu negativen Reaktionen. Adobe hatte Scrum verwendet, um produktiver zu werden. Tatsächlich wurde jedes Team für sich genommen produktiver, aber nicht die Gesamtentwicklung. Die Arbeit der einzelnen Teams wurde nicht regelmäßig integriert und war daher in der Summe nicht transparent. Das Aufdecken möglicher Integrationsprobleme wurde aufgeschoben, um kurzfristig produktiver zu werden. Produktqualität, Marktakzeptanz, zeitnahes Releasen neuer Features, Kundenzufriedenheit, Mitarbeiterzufriedenheit und Mitarbeitergesundheit verschlechterten sich. Es musste sich etwas ändern.

Steve Warner und Peter Green entschieden, Scrum so weit irgend möglich für CS5 einzusetzen. Sie sorgten dafür, dass alle Entwickler und Programmmanager in Scrum ausgebildet wurden. Peter Green übernahm die Aufgabe, die Teams zu beraten, sodass sie in jedem Sprint Qualitätssoftware entwickeln konnten. Alle Inkremente aller Teams wurden am Ende jedes Sprints integriert und getestet. Jeder Sprint erzeugte damit eine releasefähige Gesamtversion von CS5. Abbildung 7–8 zeigt, dass mit diesem Vorgehen die Anzahl der Fehler niemals außer Kontrolle geriet. Zur Überraschung aller Beteiligten wurde die Software sogar vor dem geplanten Releasetermin fertiggestellt. Die Entwickler wurden diesmal nicht durch überraschende Fehler aus nicht integrierten Inkrementen ausgebremst. In der »gewonnenen« Zeit vor dem Release beseitigten die Entwickler Fehler aus CS4. CS5 wurden im April 2010 veröffentlicht und erntete sehr gute Kritiken.

Peter Green wurde gebeten, Metriken zu entwickeln, die für die Entwicklung mit Scrum bei Adobe eingesetzt werden konnten. Er nahm drei Dimensionen in die Metriken auf. Die erste war Mitarbeiterzufriedenheit mit Scrum während der Entwicklung von CS5. Adobe führte eine Umfrage mit 50 Fragen unter 25 Teams durch. Die Auswertung zeigte, dass die Mitarbeiter davon überzeugt waren, dass Scrum die Art und Weise verbesserte, wie sie Software entwickelten. Es wurden damit aber auch Bereiche identifiziert, die verbessert werden konnten. Eindrucksvolle 80 % der Entwickler sagten, sie würden Scrum weiter benutzen, auch wenn dies nicht vorgeschrieben würde. 100 % der hochperformanten Teams sagten, sie würden bei Scrum bleiben. Die Fehlerraten sanken deutlich und es wurden fast keine Produkte mit »aufgeschobenen« Fehlern mehr ausgeliefert. Die Kundenzufriedenheit stieg merklich.

Adobe probierte Scrum aus, weil es ein Problem hatte, das sich immer weiter verschlimmerte. Mit einer klaren Zielsetzung, Training und gemeinsamen Anstrengungen wurden viele der existierenden Probleme adressiert und die Softwarereleases wurden termingerechter fertig und hatten eine höhere Qualität.

Die Quellen der Sünde

Sehen wir uns ein typisches Projekt an: Vor Projektbeginn schätzt das Entwicklungsteam, dass das Product Backlog Anforderungen im Umfang von 80 Aufwandseinheiten enthält. Sie sagen dem Team, dass Sie hoffen, die Software mithilfe von zehn Monatssprints fertig zu erstellen. Aus Gewohnheit verteilt das Team die 80 Aufwandseinheiten auf die 10 Sprints, sodass sie 8 Aufwandseinheiten in jedem Sprint fertigstellen müssen. Sie werden jetzt für jeden Sprint Anforderungen im Umfang von 8 Aufwandseinheiten auswählen, unabhängig davon, wie viele Qualitätskompromisse sie machen müssen. Sie versuchen den Erwartungen gerecht zu werden, indem sie die Qualität opfern.

Bei vorhersagenden Softwareprojekten schätzte die Entwicklung die Anforderungen und sagte einen Endtermin und Kosten voraus. Sie hatte dann die Aufgabe, in diesem Rahmen zu liefern. In Scrum-Projekten liefert das Entwicklungsteam möglichst viel Funktionalität in einem Inkrement – in einer Qualität, die das Unternehmen für notwendig erachtet. Entweder wird zu einem festgelegten Termin so viel Funktionalität geliefert, wie vollständig entwickelt werden kann, oder es wird ein fester Funktionsumfang definiert und geliefert, wenn dieser vollständig entwickelt wurde.

Qualität ist eine klassische Variable in der Softwareentwicklung. Um Terminverzug zu verhindern, wird Qualität reduziert. Allerdings führt Qualitätsreduktion zu geringerer Produktivität, höheren Kosten und weiteren Terminverzögerungen. Die Teams müssen zusätzliche Arbeit leisten, um die Fehler zu beheben. Allerdings ist bei vorhersagenden Projekten die Ursache für den Zeitverzug und die Budgetüberschreitung nicht direkt sichtbar.

Wenn wir unser Beispiel weiterdenken, erwarten wir, dass wir am Ende des zehnten Sprints die Software benutzen können. Allerdings haben sich bis dahin 48 Aufwandseinheiten für unfertige Arbeit angesammelt. Wir sind alles andere als glücklich, wenn wir das feststellen. Wir meinen, dass wir die Entwickler bitten sollten, die unfertige Arbeit so schnell wie möglich zu beenden. Wir irren uns aber, wenn wir glauben, dass dies »so schnell wie möglich« funktioniert. Wir bräuchten dazu noch einmal 6 Monatssprints (48 Aufwandseinheiten geteilt durch die angenommene Geschwindigkeit von 8). Der Restaufwand für die unfertige Arbeit zeigt Abbildung 7–9 als Differenz zwischen der als fertig gemeldeten Arbeit und der kumulierten Menge unfertiger und unvollständiger Arbeit.

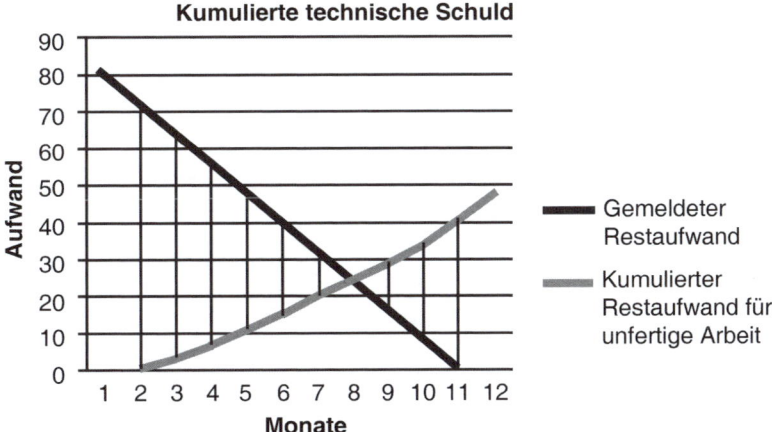

Abb. 7–9   *Technische Schuld häuft sich an.*

Irgendwann stellt das Entwicklungsteam schließlich genug der unvollständigen Arbeit fertig, um die Software »zum Laufen« zu kriegen. Allerdings sagen unsere Kunden uns jetzt, dass die Software nicht für den Einsatz geeignet ist. Jetzt wird die nicht fertiggestellte Arbeit in der Software für alle sichtbar. Es ist die technische Schuld, die Anwender effektiv davon abhält, das System zu benutzen. Außerdem erzeugt die technische Schuld Anrufe beim Support und Aufwände für Fehlerbeseitigungen. Beides kostet uns Aufmerksamkeit und Geld. Schlimmstenfalls führt es dazu, dass unsere Kunden sich nach Alternativen zu unserer Software umsehen. Wir erhalten durch die Software nicht die Vorteile, die wir uns erhofft hatten. Technische Schuld macht das Produkt zerbrechlich und verkürzt seine erwartete Lebensdauer.

Stellen Sie sich ein Entwicklungsteam mit drei Programmierern und zwei Testern vor. Diese benutzen traditionelle, vorhersagende Praktiken. Die Programmierer schreiben Code und geben die Prüfung, ob der Code funktioniert, an andere ab. Aufgedeckte Fehler gehen an den Programmierer, der ihn verursacht hat. Zwischen der Programmierung und der Beseitigung der Fehler vergeht eine gewisse Zeit. Während dieser Zeit schreiben die Programmierer zusätzlichen Code, der auf dem existierenden fehlerbehafteten Code basiert. Damit dauert die Fehlerbeseitigung viel länger. Der Aufwand zur Fehlerbehebung steigt mit der Zeit, die zwischen Programmierung und Fehlerbehebung verstreicht. Es entsteht eine Art Zinseszinseffekt. Es ist extrem wichtig, Fehler möglichst schnell zu beheben. Sie müssen entdeckt und beseitigt werden, wenn sie programmiert werden. Nur so können die Entwickler weiter schnell vorankommen.

Technische Schuld verschleiert Transparenz und führt zu fragwürdigen Entscheidungen. Wir messen Fortschritt, indem wir vollständig fertiggestellte Funktionalität in Beziehung zur insgesamt benötigten Funktionalität setzen. Wir verwalten keine unfertige Arbeit. Allerdings erzeugen viele Entwickler unfertige Inkremente. Wenn man Teammitglieder fragt, warum sie mehrere unfertige Funktionen geliefert haben statt einer geringeren, aber vollständig fertiggestellten Anzahl Funktionen, sagen sie typischerweise: »Wie hatten nicht genug Zeit.« Wir müssen uns an den Scrum Master wenden, um diesen Effekt zu verhindern.

Aus diesen Gründen ist Qualität in Scrum keine Variable mehr, die man je nach Projektdruck anpasst.

Software in 30 Tagen bietet Vorhersagbarkeit, Risikokontrolle und optimierte Wertschöpfung. Der Grundstein dafür ist häufige Transparenz. Mindestens einmal monatlich werden Sie sehen, was Sie bekommen. Viele Entwickler haben Probleme, diese Transparenz herzustellen, weil sie unpassende Verhaltensweisen gelernt haben und nicht die notwendigen professionellen Fähigkeiten besitzen. Viele Entwickler haben diese Probleme aber inzwischen gemeistert und sind heute in der Lage, transparente Inkremente zu entwickeln. Sie müssen sich entscheiden, in Ihre Entwickler zu investieren, bis diese ebenfalls verlässlich Software entwickeln können, oder Sie finden ein anderes Team, das es kann.

Zusammenfassung

Das Scrum-Softwarestudio ist eine eigene Organisationseinheit in Ihrem Unternehmen. Das Studio hat nicht die Aufgabe, die existierende Softwareentwicklung im Unternehmen zu ändern. Stattdessen kann jeder, der mit Scrum Software entwickeln möchte, dazu das Softwarestudio in Anspruch nehmen. Das Studio beginnt klein und wächst in dem Maße, wie es Wert für das Unternehmen schafft. Das Studio wird der Ort, wo Software effektiv in hoher Qualität und mit großer Wertschöpfung entwickelt wird. Risiken werden kontrolliert und Projekte werden vorhersagbar. Tests und Metriken werden verwendet, um Ergebnisse empirisch zu bewerten und einen kontinuierlichen Verbesserungsprozess in Gang zu halten.

Das Scrum-Softwarestudio ist eine einfache, schnelle Möglichkeit, inkrementell nachhaltige Verbesserungen in der Softwareentwicklung zu erreichen. Scrum und seine Metriken helfen, Problembereiche zu identifizieren.

8   Scrum auf Unternehmensebene

Viele Unternehmen entscheiden sich für Scrum. Wie bei vielen anderen Unternehmensumgestaltungen hängen auch bei der Einführung von Scrum die Ergebnisse von vielen Faktoren ab. In diesem Kapitel werden reale Umgestaltungen und die Randbedingungen, die zu den Ergebnissen führten, beschrieben.

Wir haben mit vielen kleinen und großen Unternehmen gearbeitet, um sie bei der Umstellung zu unterstützen und dafür zu sorgen, dass sie die erhofften Effekte erzielten. Die erste Dokumentation dieser Anstrengungen war »The Playbook for Achieving Enterprise Agility« (»Spielzüge, um Unternehmensagilität zu erreichen«), die Ken Schwaber zusammen mit Rally Corporation 2005 erstellt hat. Die Publikation wurde bisher nicht für die Allgemeinheit veröffentlicht; wurde aber häufig für Scrum-Einführungen verwendet. Sie findet sich in Anhang C.

Ken hat 2007 ein Buch über Scrum im Unternehmen geschrieben: »The Enterprise and Scrum« [Schwaber 2007]. Es beschreibt Strategien und Taktiken für Scrum im Unternehmen. Es wird dort auch beschrieben, wie man Scrum verwenden kann, um Scrum einzuführen.

Tief greifende, aber kurzlebige Veränderung

Die Scrum-Adaptionen, die wir gesehen haben, waren extrem erfreulich. Die Unternehmen veröffentlichen hochqualitative, wertschöpfende Releases, mit denen die Kunden glücklich sind. Die Entwicklung arbeitet mit dem Produktmanagement oder direkt mit den Kunden zusammen, um neue Releases zu definieren und zu liefern.

Während der Umstellung auf Scrum ist die ganze Organisation im Umbruch und arbeitet für mehrere Jahre im kontrollierten Chaos. Schließlich werden die Releases aber immer besser, die Mitarbeiter kommen zufriedener zur Arbeit und Kunden beginnen, die Zusammenarbeit mit dem Unternehmen zu lieben. Allerdings ist die Umstellung abhängig vom Topmanager, der sie initiiert hat. Allzu häufig wird diese Person befördert oder abgeworben, sodass sie für das Unternehmen nicht mehr zur Verfügung steht. Meist passiert das, bevor die neue Art zu denken und zu arbeiten im ganzen Unternehmen etabliert und damit fest verankert ist. Wenn der Topmanager geht, lösen sich die erzielten Vorteile wieder auf. Die alte Unternehmenskultur war nur verdeckt, aber nicht vollständig verdrängt. Sie beginnt erneut, sich auszubreiten. Die erreichte Exzellenz und die kontinuierlichen Verbesserungsprozesse degenerieren langsam. Die Mitarbeiter werden wieder sehr vorsichtig. Nach einigen Jahren ist das Unternehmen nicht so schlecht wie vor Scrum, aber es ist auch kein agiles Scrum-Unternehmen. Viele Chancen werden verschenkt.

Wenn wir unsere Notizen analysieren, stellen wir fest, dass das für fast jede Unternehmensumstellung gilt, von der wir wissen oder an der wir beteiligt waren.

Primavera ist ein Beispiel für so eine Umgestaltung. Primavera hat eine Projektmanagementsoftware namens TeamPlay entwickelt, mit der klassische Softwareprojekte unterstützt wurden. Alle Aspekte des Wasserfallprozesses sind in der Software abgebildet. In den 2000er-Jahren hatte Primavera Probleme, neue Releases von TeamPlay fertigzustellen. Die Releases waren verspätet, kostspielig, unvollständig und nicht zufriedenstellend. Im Jahre 2003 hat sich Primavera mit Scrum beschäftigt. Angeführt von Bob Schatz, dem für die Entwicklung verantwortlichen Manager, änderte sich das Unternehmen. Produktmanagement, Marketing, Vertrieb, Personalwesen, Support und Produktentwicklung wurden agil und erfolgreich. Ironischerweise musste Primavera einen empirischen Prozess benutzen, um ein vorhersagendes Prozesswerkzeug zu entwickeln. Die komplette Geschichte ist auf der Webseite von Bob Schatz beschrieben[1].

Bob Schatz verließ Primavera 2005. Sein Kollege Ibrahim Abdelshafi verließ Primavera kurz danach. Der CTO (Chief Technology Officer) und der CEO (Chief Executive Officer) mochten Scrum nie wirklich. Sie mochten die mit Scrum erreichten Ergebnisse, aber sie hatten ihre Schwierigkeiten damit, dass Scrum im Grunde der Verwendung ihres Produkts widersprach. Nachdem Bob Schatz und Ibrahim Abdelshafi das Unternehmen verlassen hatten, gab es kein Commitment des Managements mehr auf Scrum. Jeder benutzte noch irgendeine Form von Scrum, aber es wurde immer schlechter verwendet. Was transparent war, wurde undurchsichtig. Vorhersagbarkeit ging verloren etc. Als Oracle 2008 Primavera kaufte, arbeitete das Unternehmen besser als vor Scrum, aber es war kein exzellentes Unternehmen mehr. Die Mitarbeiter freuten sich nicht mehr darauf, zur Arbeit zu kommen und großartige Dinge zu tun.

---

1.   *http://www.agileinfusion.com/pdf/PrimerveraWhitePaper.pdf*

Tief greifende und nachhaltige Veränderung

Die erfolgreichste Person in einem Unternehmen ist ein Topmanager, der Scrum in das gesamte Unternehmen einführt. Diese Person weiß, was notwendig ist, um signifikante Änderungen am Unternehmen herbeizuführen. Diese Person weiß, dass Kulturwandel tiefgreifend und vollständig erfolgen muss, um nachhaltig zu wirken. Wenn so eine Person Erfolge beschreibt, spricht sie nicht darüber, was sie getan hat, sondern darüber, was andere getan haben. John P. Kotter, ein Professor an der Harvard Business School und Buchautor, sagt dazu: »Wenn ich mit einem CEO über Unternehmensumstellungen spreche, treffe ich mich in der Regel mit ihm und seinem Mitarbeiterstab. Wenn die Mitarbeiter sprechen, erhöhe ich meine Einschätzung zur Erfolgswahrscheinlichkeit. Wenn nur der CEO spricht, haben sie keine Chance.«[2]

Echte Veränderung muss auf die traditionelle Weise herbeigeführt werden: mit Schweiß. Damit eine Veränderung stattfindet, muss das ganze Unternehmen die Veränderung verstehen und die neue Kultur erschaffen und leben. Selbst unter den besten Voraussetzungen sind Unternehmensumstellungen sehr schwierig. Kotter, einer der fähigsten Change-Agents, schätzt, dass diese Art von Veränderung fünf bis sieben Jahre dauert und dass nur 30 % der Unternehmen bei der Umgestaltung erfolgreich sind. Wir müssen uns dazu nur *General Motors*, *Ford Motor Company* und *Chrysler* ansehen. Im Angesicht des vernichtenden Konkurrenzkampfs waren sie 40 Jahre lang nicht in der Lage, sich zu verändern. Erst jetzt tröpfelt Veränderung in die Unternehmen.

Wenn Sie an dieser Art Veränderung Interesse haben, verweisen wir Sie an die Experten. Wir würden mit Kotters exzellenten Büchern beginnen, einschließlich »Leading Change« [Kotter 1996] und »Our Iceberg Is Melting« [Kotter 2006]. Danach können Sie ihn kontaktieren oder andere Unternehmen, die sich auf Unternehmensentwicklung spezialisiert haben.

Carbonite verändert sich und bleibt bestehen

Carbonite wurde 2005 gegründet und ging im August 2011 an die Börse. Carbonites Produkte bieten automatisierte Online-Backups für Personal Computer – jederzeit und überall. Rob Rubin, Entwicklungsmanager, hat seit den Anfängen mit den Gründern Jeff Flowers und David Friend gearbeitet. Carbonite war ihr sechstes Start-up und Rob Rubin setzte auf die Vision und Managementkompe-

---

2. John P. Kotter ist Professor an der Harvard Business School und Buchautor. Er ist eine anerkannte Koryphäe zu Führung und Veränderung. Zwei seiner einflussreichen Bücher sind »Leading Chance« [Kotter 1996] und »Our Iceberg Is Melting: Changing and succeeding under any conditions« [Kotter 2006].

tenz der Gründer und die Gründer vertrauten auf seine Fähigkeiten als Entwicklungsmanager. 2008 nannte man das Hauptprodukt von Carbonite intern
»molasses« (Sirup). Es dauerte sehr lange, neue Releases herauszubringen.

2008 hatte Carbonte sieben hochqualifizierte Entwickler, die von zu Hause
aus entwickelten und nicht im Carbonite-Büro. Es gab sieben Product Owner,
jeder mit einem eigenen Plan. Die Pläne standen im Widerspruch zueinander und
jeder Plan hatte die höchste Priorität. Ein neuer Chief Operating Officer (COO)
war gerade eingestellt worden und hatte noch mehr Ideen, was man tun sollte.

Wie Carbonite sich änderte

Rob Rubin hatte von Scrum 2006 bei einer Präsentation beim MIT gehört. Ihm
gefiel die Idee, dass Scrum ihm Dinge geben würde, die er messen könnte. Für
Rob Rubin bedeutet Management, zuerst zu messen und dann auf Basis des
Gemessenen zu agieren. Ohne Messungen ist Management nicht möglich. Rob
Rubin wollte das, was Scrum anbot: belastbare, transparente Messungen des
Fortschritts bezogen auf ein Ziel alle 30 Tage und solide Messungen der Fortschritts bezogen auf das 30-Tage-Ziel jeden Tag. Rob Rubin glaubte außerdem,
dass Technologieprojekte und -produkte von Natur aus schwierig seien, weil sie
inhärent komplex sind und man nicht vorhersagen kann, ob sie fehlschlagen werden. Ihre Fehlschläge sind zufällig. Die täglichen und monatlichen Informationen
über Fortschritt oder Fehlschlag könnten kritisch für diese Art von Arbeit sein.

Ergebnisse

Rob Rubin schulte seine Organisation 2008 in Scrum. Seitdem hat Carbonite seinen Releasezyklus verbessert und gleichzeitig weltweit Firmen gekauft. Bei einem
Essen sagten Rob Rubin und Jeff Flowers, dass Carbonite ohne Scrum nicht in
der Lage gewesen wäre, an die Börse zu gehen. Scrum war der Standardprozess,
den sie intern einsetzten und bei den gekauften Unternehmen erwarteten. Und
das Beste war, dass Scrum nicht aufdringlich war. Wenn ein gekauftes Unternehmen exzellente Entwicklungsfähigkeiten und -prozesse hatte, konnte es diese
bewahren. Sie mussten sie lediglich mit Scrum kombinieren, um die benötigte
Messbarkeit und Vorhersagbarkeit zu erreichen.

Rob Rubin und Jeff Flowers glauben an ihre Mitarbeiter. Sie benutzen Scrum,
um eine Umgebung zu schaffen, in der die Mitarbeiter kreativ sind und die besten
Entscheidungen treffen können, wie sie ihre Arbeit erledigen wollen. Scrum liefert dann den Messmechanismus, mit dem sie sich auf die harte Arbeit konzentrieren können, die vor ihnen liegt. Alle verstehen die Probleme und arbeiten

zusammen an einer Lösung. Zusätzlich führen die Carbonite-Teams am Ende jedes Sprints eine Retrospektive durch, in der alles diskutiert werden kann, was die Arbeit bei Carbonite besser oder produktiver machen könnte. Die Diskussionen sind kontrovers, aber produktiv, weil Rob Rubin sie entsprechend moderiert. Die Mitarbeiter haben untereinander eine starke Bindung entwickelt, obwohl die Mitarbeiterzahl von sieben auf fast einhundert anstieg. Sie nehmen die Zukunft an und gestalten sie aktiv. Das Boston Business Journal wählte Carbonite 2011 zu einem der besten Arbeitgeber in Boston.[3]

Zwei unverhandelbare Elemente jeder Scrum-Umstellung

Bei Scrum-Umstellungen sollten Sie Scrum ohne Anpassungen anwenden und sie sollten nicht lange mit dem Einsatz zögern.

Versuchen Sie nicht, Scrum anzupassen

Scrum ist kein Prozess, den man so anpassen kann, dass er ins bestehende Unternehmen passt. Die Kultur muss sich ändern, damit Scrum seine Wirkung entfalten kann. Scrum macht kulturelle Dysfunktionen sichtbar, die die Softwareentwicklung in der in diesem Buch beschriebenen Art behindern. Für das Unternehmen ist Scrum der »Kanarienvogel in der Kohlemine«[4]. Wenn Scrum nicht dazu verwendet wird, agile, transparente Entwicklung zu betreiben, bleiben die Probleme unsichtbar und schaden dem Unternehmen weiterhin. Damit wäre ein wesentlicher Vorteil von Scrum verloren.

Zögern Sie nicht

Erliegen Sie nicht der Versuchung, den bequemen Weg bei Unternehmensveränderungen zu gehen. Wie bei allen wichtigen Dingen ist Commitment, Energie und Schwung notwendig. Sobald die Mitarbeiter mit Scrum begonnen haben, lassen sich die wichtigsten Hindernisse einfacher identifizieren. Es gibt in Unternehmen häufig die Tendenz, zu viel zu planen und nachzudenken. Das ist nicht der Scrum-Weg. Scrum erfordert Aktionen, Austesten, Evaluieren, Lernen, Beseitigen von Hindernissen und jede Menge anderer Arbeit, um etwas Wertvolles für alle Beteiligten zu schaffen.

---

3. Boston Business Journal Honors Carbonate as One of Boston's Best Places to Work. Boston Business Journal, 28. Juni 2011.
4. Früher haben Bergarbeiter Kanarienvögel mit in die Minen genommen, weil sie empfindlicher gegenüber Kohlenmonoxid sind als Menschen. Wenn der Kanarienvogel aufhörte zu singen, war es höchste Zeit, die Mine zu verlassen.

9 Unternehmensumstellung: tief greifende und nachhaltige Veränderung

Topmanager, die erfolgreiche Scrum-Umstellungen (sogenannte Scrum-Transitionen) geleitet haben, sind zufriedene Menschen – genauso wie die Mitarbeiter des Unternehmens zufriedene Menschen sind. Sie haben durch Scrum einen tollen Arbeitsplatz und eine hervorragende Art der Softwareentwicklung erhalten. Sie ernten die Früchte ihrer eigenen harten Arbeit.

Das Transitionsprojekt

Der Weg vom Start der Umstellung bis zur vollständigen Verwirklichung der Vision ist arbeitsreich und kann fünf bis sechs Jahre dauern. Erst dann kann man von einer nachhaltigen Veränderung sprechen. Es wird sehr schnell große Veränderungen geben und nennenswerte Vorteile stellen sich bereits im ersten Jahr ein. Ein relevanter Wettbewerbsvorteil wird innerhalb von zwei Jahren entstehen. Aber selbst, wenn die Umstellung »fertig« ist, geht der installierte kontinuierliche Verbesserungsprozess als entscheidender Erfolgsfaktor immer weiter.

Sie haben Scrum in mehreren Projekten verwendet und Sie sind davon überzeugt, dass Sie Scrum im ganzen Unternehmen einsetzen wollen. Das bedeutet eine tief greifende Veränderung der Organisation. Sie sollten sich daher im Klaren darüber sein, ob die Vorteile durch Scrum die mit Scrum einhergehenden Veränderungen rechtfertigen. Dazu sollten Sie die Leute zusammenrufen, die Sie bei dieser Veränderung begleiten werden, und die Bewertung von Chancen, Herausforderungen und Kosten gemeinsam vornehmen.

Wenn Sie sich entschieden haben, Scrum im gesamten Unternehmen einzuführen, beginnt eine anstrengende Reise, die mit effektiverer Softwareentwicklung und einem wettbewerbsfähigen Unternehmen belohnt wird. Sie sollten sich außerdem darüber im Klaren sein, dass diese Reise mit einer Menge organisatorischer Veränderungen verbunden sind wird.

Startklar machen

Dieser Abschnitt beschreibt einige typische Beispiele dafür, wie Sie Scrum in Ihrem Unternehmen implementieren können. Sie können sie als Sammlung von Spielzügen verstehen, um die notwendigen Veränderungen zu bewirken. Die kompletten »Spielzüge« finden sich in Anhang C dieses Buches.

Tabelle 9–1 zeigt die Hauptaktivitäten eines Transitionsprojekts zusammen mit typischen Zeiträumen. Die Aktivitäten müssen nicht unbedingt sequenziell ablaufen, sondern können sich zum Teil überlappen.

Aktivität	Notwendig für nach-haltige Veränderung?	Typische Dauer
1 Das Transitionsprojekt starten		1–3 Monate
1.1 Nutzen und Dringlichkeit identifizieren	Ja	
1.2 Ein Transitionsteam bilden		
1.3 Vision und Strategie definieren	Ja	
2 Vision und Strategie kommunizieren	Ja	1–2 Monate
2.1 Befürchtungen und Widerstand adressieren	Ja	
2.2 Taktiken entwickeln und anwenden	Ja	
3 Ausbreitung im Unternehmen	Ja	1 Monat bis 5 Jahre
4 Wirkung erzielen		2–6 Monate
5 Nutzen messen, bewerten und konsolidieren	Ja	
5.1 Infiltrieren	Ja	
5.2 Ausweiten	Ja	
6 Einbetten, ausweiten und nachhaltig verankern	Ja	5–6 Jahre

Tab. 9–1   *Hauptaktivitäten eines Transitionsprojekts*

Die Aktivitäten, die für eine nachhaltige Veränderung notwendig sind, sind mit »Ja« in der Spalte »Notwendig für nachhaltige Veränderung?« gekennzeichnet.

Das Transitionsprojekt starten

Dringlichkeit entsteht durch die Notwendigkeit, wettbewerbsfähige Dienstleistungen und Produkte anzubieten. Wenn das Unternehmen das nicht kann, werden die Kunden abwandern. Die Botschaft bzgl. der Dringlichkeit muss zwei wichtige Aspekte adressieren. Der erste ist die Notwendigkeit, wettbewerbsfähig zu bleiben, der zweite ist das Bedürfnis, zu wachsen und zu gedeihen, neue

Märkte zu erschließen und innovative Produkte zu entwickeln. Die Personen, die glauben, dass eine Umgestaltung des Unternehmens dringend notwendig ist, müssen diese Notwendigkeit überzeugend darstellen können. Die Geschichte muss auf viele unterschiedliche Arten kommuniziert werden: Formale Präsentationen sind wichtig und Finanzmodelle sind notwendig. Das Wichtigste ist aber die Darstellung dessen, was passieren wird, wenn die Umstellung stattfindet. Die Geschichte kann eine Anekdote sein, eine Methode oder ein idealisiertes Modell. Auf jeden Fall muss sie Eingang finden in die Vorstellungswelt der Mitarbeiter.

Aktivität	Notwendig für nachhaltige Veränderung?	Typische Dauer
1 Das Transitionsprojekt starten		1–3 Monate
1.1 Nutzen und Dringlichkeit identifizieren	Ja	
1.2 Ein Transitionsteam bilden		
1.3 Vision und Strategie definieren	Ja	

Tab. 9–2   Das Transitionsprojekt starten

In dieser Phase wird das Transitionsteam gebildet, das die Veränderungen vorantreiben wird. Die Geschichte zur Dringlichkeit der Veränderung ist ein wichtiges Instrument, um Mitglieder für das Transitionsteam zu rekrutieren.

Die Beschreibung der Dringlichkeit kann ganz einfach sein, wie z.B.:

Wir wissen, dass wir Probleme mit der Softwareentwicklung haben. Unsere Projekte sind häufig verspätet, erfüllen unsere Anforderungen nicht und kosten mehr, als wir uns leisten können. Das war nur so lange akzeptabel, wie es keine Alternative gab. Jetzt ist eine bessere Alternative namens Scrum verfügbar. Scrum wird bereits von unseren Mitbewerbern eingesetzt, die Produkte mit höherer Qualität schneller und kostengünstiger entwickeln können. Sie gewinnen immer größere Marktanteile. Wir müssen lernen, das, was unsere Mitbewerber tun, besser zu tun. Ansonsten geraten wir in ernsthafte Schwierigkeiten. Unsere Umsätze werden sinken, unsere Kunden werden zur Konkurrenz abwandern und unsere Mitarbeiter werden das Unternehmen verlassen. Wir müssen das Unternehmen umbauen.

Ein Transitionsteam bilden

Der hochrangigste Manager, der die Umstellung möchte, startet das Transitionsprojekt. Er ist der Leiter des Transitionsprojekts und muss sich auch der Umgestaltung verpflichtet fühlen. Er bildet ein Projektteam, das sogenannte Transitionsteam. Dieses Team ist das Herz der Umstellung und beinhaltet wichtige Entscheider, die die Umstellung wünschen. Außerdem werden Meinungsführer des Unternehmens ins Team integriert, die die Dringlichkeit verstehen und die Umgestaltung ebenso wünschen.

Dieses Team bleibt während des gesamten Projekts bestehen. Möglicherweise müssen Sie im Laufe des Projekts Mitglieder des Transitionsteams an neuralgische Punkte des Unternehmens befördern. Das ist dann auch die Gelegenheit, neue Mitglieder ins Transitionsteam aufzunehmen. Das Kernteam für die Umstellung besteht aus maximal sieben bis neuen Mitgliedern. Alle Teammitglieder sollten den Wunsch haben, mit Scrum agiler zu werden und damit

- die Professionalisierung der Softwareentwicklung im Unternehmen voranzutreiben,
- bessere Arbeit in höherer Qualität zu leisten,
- enge, fruchtbare und erfolgreiche Kundenbeziehungen herzustellen.

Vision und Strategie definieren

Das Transitionsteam hat die Aufgabe, das Unternehmen aus der aktuellen problematischen Situation heraus zum gewünschten Zielzustand zu führen. Zuerst entwickelt das Team eine Vision darüber, wie das Unternehmen aussehen wird, wenn die Umstellung abgeschlossen ist. Das Buch »*Our Iceberg is Melting*« liefert uns eine Analogie. Es beschreibt eine Pinguin-Kolonie, die auf einem schmelzenden Eisberg lebt [Kotter 2006, S. 62–71]. Für die Pinguine ist der Eisberg die geliebte Heimat und sie können sich nicht vorstellen, diese zu verlassen, obwohl sie es dringend müssten. Daher wird eine Vision für die Pinguin-Kolonie formuliert, in der die Kolonie eine migrierende Kolonie ist. Ihr Eisberg ist lediglich die aktuelle vorübergehende Heimat. Was wirklich zählt, ist die Kolonie und nicht der Eisberg. Wenn der Eisberg schmilzt, wird die Kolonie weiter existieren – auf einem anderen Eisberg. Diese Vision gibt der Kolonic eine Orientierungshilfe, mit der die kommenden Änderungen eingeordnet und verstanden werden können. Das neue Ziel ist jetzt, die Kolonie zu bewahren, und die Migration auf einen anderen Eisberg ist das Mittel dazu. Es gibt weiterhin Angst bzgl. der Veränderung, aber nicht bzgl. der Zukunft.

Jede Vision greift die Werte auf, die notwendig sind, um die Vision Wirklichkeit werden zu lassen. Eine Vision kann sehr einfach und kurz formuliert sein, wie das folgende Beispiel zeigt:

Unser Unternehmen profitiert von den Chancen und Herausforderungen des Markts. Wir entwickeln immer wieder neue, werthaltige und innovative Produkte. Dazu nutzen wir die Intelligenz und Kreativität aller Mitarbeiter im Unternehmen. Wir machen Fehler und lernen aus ihnen. Wir sind ein offenes, transparentes Unternehmen, das ehrlich ist bezüglich seiner Stärken und Schwächen, seiner aktuellen Situation und seiner Chancen. Wir sind ein Unternehmen, das durch seine Mitarbeiter und für seine Mitarbeiter existiert. Wir wertschätzen offene Diskussionen und Konflikte, aus denen Einsichten und neue Chancen entstehen.

Diese Vision spiegelt die Scrum-Werte wider: Transparenz, Empirie, Bottom-up-Intelligenz und Wissenserzeugung.

Während der Initiierung des Transitionsprojekts skizziert das Transitionsteam einen Transitionsplan und erzeugt ein Transitions-Backlog. So wird z. B. definiert, was für die Kommunikation zu tun ist. Die Arbeit im Transitions-Backlog wird so geordnet, dass die Wertschöpfung hinsichtlich der Umstellung optimiert wird. Während des Projekts können sich der Inhalt des Transitions-Backlogs und die Anordnung der Einträge ändern. Auf Basis des Backlogs werden konkrete Projekte definiert: die Sprints. Jeder Sprint hat als Ergebnis ein Inkrement der Unternehmensänderung. (Kap. 10 »*Scrumming Scrum*« erläutert, wie das Transitionsteam Scrum verwendet, um die Umstellung durchzuführen.)

Die Ergebnisse der Initiierungsaktivitäten umfassen ein funktionierendes Transitionsteam, eine Dringlichkeitsaussage (»sense of urgency«), eine Vision, eine Kommunikationsstrategie, ein Transitions-Backlog, Verfahren für das weitere Vorgehen, Identifikation umsetzbarer Transitionsarbeiten für die nächsten paar Monate sowie Metriken, mit denen der Fortschritt gemessen wird.

Vision und Strategie kommunizieren

Es muss eine klare Kommunikationsstrategie für die Umgestaltung erstellt werden. Tabelle 9–3 zeigt die Aufgaben dazu. Egal, wie viel kommuniziert wird, es ist nie genug. Wenn wir mit Unternehmen arbeiten, hören wir immer wieder unglaubliche Dinge, die die Mitarbeiter für wahr und richtig halten. Die Ursache für diese Missverständnisse ist normalerweise fehlende Klarheit. Wenn Menschen verunsichert sind, weil sie nicht wissen, was oder wie sie etwas zu tun haben, ist die Kommunikation ineffektiv.

Unangemessene Kommunikation erzeugt Intransparenz, Bedeutungsverschiebung und Gerüchte. Die Botschaft, die das Transitionsteam senden will, muss daher sehr klar formuliert werden. Die Notwendigkeit für die Transition muss von oben nach unten, von unten nach oben und aus der Mitte heraus kommuniziert werden. Vision und Strategie müssen auf vielfältige Weise vermittelt werden, z. B.:

- formale Präsentationen
- Bekanntgaben des Managements
- Workshops
- informelle Foren
- Meckerecken
- Gespräche beim Essen oder beim Kaffee
- Einzelmeetings (one-on-one meetings) mit Mitarbeitern, die Bedenken haben
- Blogs
- Newsletter
- Dokumente
- Manager und Mitglieder des Transitionsteams, die durch das Unternehmen gehen und so Stimmungen und Bedürfnisse der Mitarbeiter direkt aufnehmen und ggf. sofort ansprechen können.

Die Kommunikation muss häufig erfolgen, konsistent sein und immer den aktuellen Stand der Dinge widerspiegeln.

Aktivität	Notwendig für nachhaltige Veränderung?	Typische Dauer
2 Vision und Strategie kommunizieren	Ja	1–2 Monate
2.1 Befürchtungen und Widerstand adressieren	Ja	
2.2 Taktiken entwickeln und anwenden	Ja	

Tab. 9–3   *Vision und Strategie kommunizieren*

Kommunikation schließt Verhalten mit ein. Alles, was Führungskräfte und Manager sagen und tun, muss die Umstellung konsistent unterstützen. Sie müssen das vorleben, was sie von den Mitarbeitern erwarten. Wenn sie das nicht tun oder das eine sagen und das andere tun, wird die Umstellung gefährdet.

Befürchtungen und Widerstände adressieren

Mitarbeiter haben Scrum-Bücher auf Schreibtischen liegen sehen und haben von »Insider-Informationen« gehört. Die Gerüchteküche beginnt zu brodeln. Das Problem mit Gerüchten ist ihre Anonymität, sodass Menschen ihre eigene Meinung und ihre schlimmsten Befürchtungen in die Gerüchte projizieren. Gerüchte können alle Beteiligten paralysieren. Sie müssen daher so weit möglich vermieden und bekämpft werden, damit Veränderungen stattfinden können.

Jeder kennt die existierende Unternehmenskultur: Wie Manager sich verhalten, wie man Dinge erledigt, wie man befördert wird, wie man eine Gehaltserhöhung oder einen Bonus bekommt, wie mit Fehlern umgegangen wird usw. Auch wenn es Mitarbeitern nicht gefällt, wie diese Dinge im Moment funktionieren, ist es trotzdem beruhigend für sie, zu wissen, wie sie funktionieren. Wenn die Mitarbeiter die Vision für die Zukunft nicht verstehen und nicht wissen, wo ihr Platz in dieser Zukunft ist, werden sie Widerstand leisten – auch wenn diese Zukunft für sie besser ist. Mitarbeiter aller Bereiche müssen verstehen, welche Auswirkungen die geplanten Veränderungen auf sie, ihre Jobs und die Sicherheit ihrer Familien haben. Viele Mitarbeiter werden instinktiv Veränderungen blockieren oder sie abschwächen, solange sie nicht verstehen, was für sie drin ist.

Widerstand kann viele Formen haben. Am häufigsten ist passiver Widerstand. Mitarbeiter widersprechen nicht und sagen auch nicht, dass sie anderer Meinung sind. Sie wollen nicht als Hindernis wahrgenommen werden, aber sie wollen sich auch nicht ändern.

Es ist überlebenswichtig, dass man die Manager und Mitarbeiter für die Veränderung mit an Board hat. Diese Menschen sind die »Armee« des Unternehmens. Sie kennen das Geschäft, die Kunden, die Systeme und die Produkte. Sie sind die Grundfesten für die Veränderung.

Taktiken entwickeln und anwenden

Die erste Bekanntgabe der Umstellung sollte vom Topmanagement an alle Mitarbeiter erfolgen. Und die Bekanntgabe sollte überall gleichzeitig stattfinden. Das Management sollte das Problem darstellen sowie die Dringlichkeit und die Vision. Es sollte das Transitionsteam vorstellen und die geplante Roadmap für die Veränderung. Und es sollte zeigen, wie sich die Mitarbeiter untereinander und mit dem Transitionsteam über das Thema austauschen können.

Manager sollten dann mit den Mitarbeitern in Abteilungsmeetings gehen und dort Rede und Antwort stehen. Unterlagen für die Mitarbeiter sind hilfreich und wenn die Mitarbeiter das Meeting verlassen, sollten sie wissen, wie sie untereinander und mit den Managern über ihre weiteren Fragen diskutieren können.

Das Transitionsteam muss außerdem eine Arbeitsweise etablieren, mit der es in Kontakt mit den Mitarbeitern bleibt und schnell erkennt, was als Reaktion auf die Bekanntgabe im Unternehmen passiert.

Ausbreitung im Unternehmen

Im dritten Schritt (siehe Tab. 9–4) werden die ersten Softwareentwicklungsprojekte initiiert. Zu diesem Zeitpunkt hat das Unternehmen bereits Erfahrungen mit Scrum gesammelt, entweder durch Pilotprojekte (Kap. 3), einzelne »richtige« Projekte (Kap. 4) oder durch das Scrum-Softwarestudio (Kap. 5). Diese Projekte sind Bestandteil der nachhaltigen Scrum-Einführung und haben bereits Veränderungen in einzelnen Unternehmensbereichen herbeigeführt.

Aktivität	Notwendig für nach- haltige Veränderung?	Typische Dauer
3 Ausbreitung im Unternehmen	Ja	1 Monat bis 5 Jahre

Tab. 9–4   *Ausbreitung im Unternehmen*

Das Transitionsteam hat ein Backlog erstellt mit den Dingen, die für die Umgestaltung notwendig sind. Kommunikation steht dabei ganz oben. Jetzt beginnt das Transitionsteam mit der Arbeit an weiteren Backlog-Einträgen. Es ist wichtig, jetzt die folgenden Dinge in Angriff zu nehmen:

- *Die neue Vision, die neuen Prozesse und die neuen Werte implementieren und vermitteln*:
  Die Mitarbeiter müssen verstehen, was passieren wird und warum es für sie wichtig ist. Übungsintensive Workshops vertiefen das Verständnis und verstärken die Kommunikation.

- *Bekannte Hindernisse beseitigen*:
  Das Transitionsteam beginnt jetzt damit, einige der bekannten Hindernisse zu beseitigen. Jeder hat eine Liste mit Dingen, die ihn bei der Softwareentwicklung behindern. Das Transitionsteam sollte etwas ändern, was akut stört und von den Mitarbeitern gehasst wird. Lästige Freigabezyklen sind in der Regel leichte Beute. Die Mitarbeiter sehen dann, dass sich tatsächlich etwas ändert – etwas, von dem sie profitieren.

- *Strukturen und Prozesse ändern, die die Vision behindern*:
  Einige Strukturen und Prozesse im Unternehmen stehen im direkten Konflikt mit den Scrum-Entwicklungspraktiken. Die Rollen traditioneller Manager, funktionaler Manager und Entwicklungsmanager müssen überdacht werden. Die Arbeitsweise der Qualitätssicherung zu ändern, kann einen schnellen Gewinn mit sich bringen.

◾ *Dazu ermutigen, Risiken einzugehen und neue Ideen auszuprobieren*: Ermutigen Sie zu allem, was das Unternehmen vorwärts bringt. Machen Sie den Managern klar, dass sie Mitarbeiter dazu ermutigen sollen, Dinge auszuprobieren, zu experimentieren und aus Fehlschlägen zu lernen. Versichern Sie den Mitarbeitern, dass Initiative geschätzt wird und dass das Lernen aus Fehlschlägen zum Prozess dazu gehört. Ermutigen Sie alle, aus den eigenen Fehlern und denen anderer zu lernen, und machen Sie klar, dass Fehlschläge nicht bestraft werden.

Wirkung erzielen

Jeder im Unternehmen muss Fortschritt in Bezug auf die Vision sehen können (siehe Schritt 4 in Tab. 9–5). Frühe Erfolge weisen den weiteren Weg und stellen gefühlte Sicherheit her. Wir schlagen dem Transitionsteam vor, zwei Softwareprojekte auszuwählen, die die Basis für baldige Gewinne darstellen:

1. Ein Weiterentwicklungsprojekt, das neue Features in einem existierenden System ergänzt, das maximal fünf Jahre alt ist.
2. Ein Projekt, das ein neues System mit modernen Technologien entwickelt.

Diese Projekte sollten jeweils drei bis sechs Monate lang sein. Eines der Projekte – bevorzugt die Neuentwicklung – sollte aus 20 bis 30 Personen bestehen und in drei oder vier Scrum-Teams organisiert sein. Das andere Projekt kann aus einem einzelnen Scrum-Team bestehen. Einfache Projekte können mit fast jedem Prozess erfolgreich durchgeführt werden. Daher sollten beide Projekte anspruchsvolle Technologien und Anforderungen enthalten. Ansonsten ist die Auswertung der Projekte nur von geringem Wert.

Aktivität	Notwendig für nachhaltige Veränderung?	Typische Dauer
4 Wirkung erzielen		2–6 Monate

Tab. 9–5   *Wirkung erzielen*

Die Teams werden in den Projekten benutzbare Software für das Unternehmen entwickeln. Sie werden außerdem Hindernisse aufdecken, die ins Transitions-Backlog aufgenommen werden. Die Mitarbeiter werden besser verstehen, wie Scrum und die Umstellung ablaufen. Die Mitarbeiter, die die Fortschritte ermöglichen, sollten anerkannt und honoriert werden.

Nutzen messen, bewerten und konsolidieren

Schritt 5 in Tabelle 9–6 ist das Fleisch des Projekts. Die drei Bereiche Entwicklung, Veränderung und Management spielen zusammen, um schrittweise bessere Produkte zu erstellen sowie eine Organisation, die diese Vorteile dauerhaft erhalten kann. Das Transitionsteam und der Rest des Unternehmens arbeiten in diesem Schritt operativ an der Umstellung.

Aktivität	Notwendig für nachhaltige Veränderung?	Typische Dauer
5 Nutzen messen, bewerten und konsolidieren	Ja	
5.1 Infiltrieren	Ja	
5.2 Ausweiten	Ja	

Tab. 9–6   *Nutzen messen, bewerten und konsolidieren*

Der Kern von Scrum ist Inspektion und Adaption. Das Transitionsteam inspiziert kontinuierlich die Situation, sieht sich an, was die Metriken zeigen und welche Hindernisse sichtbar werden. Die so entstehenden Anforderungen werden im Transitions-Backlog priorisiert. Auf Basis des Backlogs werden Transitionssprints durchgeführt, die das Unternehmen inkrementell auf die Vision hin entwickeln.

Infiltrieren

Einige Mitarbeiter des Unternehmens werden Scrum und die dahinterliegende Weltsicht vollständig verstehen und begeistert davon sein. Jetzt ist es an der Zeit, diese Personen an einflussreiche Positionen im Unternehmen zu befördern. Sie werden dafür sorgen, dass die Energie für die Veränderung erhalten bleibt. Ohne diese Maßnahme wird die Vision vielleicht kurzzeitig erreicht, aber das Unternehmen wird auf den alten Zustand zurückfallen, wenn die Initiatoren der Veränderung das Unternehmen verlassen. Nach vier Jahren sollte die neue Führungsriege so weit etabliert sein, dass dieser Rückfall in alte Verhaltensweisen nicht mehr möglich ist.

Ausweiten

Nutzen Sie die Glaubwürdigkeit aus den ersten Projekten, um alle Systeme, Strukturen und Regeln zu ändern, die nicht mit der Umgestaltungsvision harmonieren. Führen Sie Scrum im Rest der Entwicklung, im Produktmanagement und bei internen Kunden ein. Weiten Sie Scrum mit jedem Projekt weiter aus und nutzen Sie die Einzigartigkeit jedes Projekts, um die Umstellung Schritt für Schritt voranzubringen.

Einbetten, ausweiten und nachhaltig verankern

Die Umgestaltung wird so im Unternehmen verankert, dass sich ein Kulturwandel einstellt. Jegliche Prozeduren, Prozesse, Verhaltensweisen und Praktiken, die zur alten Unternehmenskultur gehören, werden entfernt und durch neue Ansätze ersetzt, die die Umgestaltungsvision unterstützen (siehe Schritt 6 in Tab. 9–7).

Aktivität	Notwendig für nach-haltige Veränderung?	Typische Dauer
6 Einbetten, ausweiten und nachhaltig verankern	Ja	5–6 Jahre

Tab. 9–7   *Einbetten, ausweiten und nachhaltig verankern*

Veränderungen werden kontinuierlich im Unternehmen verankert. Diese Verankerung von Verbesserung ist kein Ziel, das man einmalig erreicht. Es ist ein fortlaufender Verbesserungsprozess, der zum festen Bestandteil des Unternehmens wird. Alles, was nicht funktioniert, wird durch etwas ersetzt, was besser funktioniert. Das führt zu einem Unternehmen, das ständig Wissen generiert und kontinuierlich dazu lernt.

In dem Maße, wie die neue Art zu arbeiten implementiert wird, werden die Verbindungen zwischen Vision, neuen Verhaltensweisen und Unternehmenserfolg durch passende Wertschätzung, Beförderungen und Boni verstärkt. Dadurch wird das Verständnis darüber gefördert, was für das Unternehmen Wert schafft.

Das Unternehmen wird sich anders anfühlen. Chancen werden schnell genutzt und Herausforderungen schnell angenommen. Die Softwaresysteme und Produkte des Unternehmens werden deutlich wertvoller werden. Die Entwicklung wird produktiver und kreativer sein. Die Mitarbeiter werden miteinander kooperieren und mit Begeisterung und Freude arbeiten.

Zusammenfassung

Ein Projekt zur Unternehmensumgestaltung führt zu erheblichen Umwälzungen in der Organisation. Die Umstellung muss mit dem Commitment vom Topmanagement vorangetrieben werden und benötigt exzellente und konsistente Kommunikation. Die Vision für die Umstellung muss klar sein. Das ganze Unternehmen muss daran teilhaben und helfen, die Vorteile zu erzielen. Das Ziel ist eine lernende Organisation, die sich ständig neu erfindet und verbessert. Die Belohnung ist Exzellenz.

10   Scrumming Scrum

»Scrumming Scrum« bedeutet, dass das Unternehmen Scrum anwendet, um Scrum einzuführen. Dazu müssen zwei wesentliche Änderungen herbeigeführt werden. Zuerst müssen die Entwickler in Teams organisiert werden und lernen, wie man nach Scrum Software entwickelt. Zweitens müssen alle Hindernisse beseitigt werden, die der optimalen Entwicklung und Lieferung von Software im Weg stehen. Diese Hindernisse werden sichtbar, wenn die Teams mit Scrum Software entwickeln. Die erste Änderung (Einführung von Scrum-Teams) wird die Softwareentwicklung bereits verbessern. Die zweite Änderung (Hindernisse beseitigen) wird die Produktivität und den Return on Investment erhöhen. Beide Änderungen sind eine Herausforderung und erfordern harte Arbeit. Unabhängig von der Intensität der Umstellung und dem Commitment des Managements benötigen diese Änderungen Zeit und sollten nicht überhastet werden. Die beiden genannten Änderungen sind zentrale Bestandteile der Umstellung und sollten entsprechend gründlich durchgeführt werden.

Scrum für die Scrum-Einführung bei SeaChange International

SeaChange International ist einer der Weltmarktführer bei Produkten zur Multiscreen-Video-Delivery-Bereitstellung. Die SeaChange-Technologie wird von Partnern verwendet, wie z.B. NBC, Comcast, Telus, PBS, SKY, Vodacom, Verizon, Cox, Time Warner Cable und anderen, die hochqualitative Videotechnologie benötigen. SeaChange wurde 1993 von Mitarbeitern der *Digital Equipment Corporation* gegründet.

Steve Davi hatte als Leiter der Entwicklung in Boston die Aufgabe, neue Funktionen für ein neues Release zu entwickeln. Das neue Release sollte dafür sorgen, dass man gegenüber der Konkurrenz nicht an Boden verlor und die SeaChange-Produkte ihren technologischen Vorsprung behielten. Die Herausforderung bestand darin, neue innovative Features zu entwickeln, die die Konkurrenz nicht hatte.

Steve Davi sah sich vielen Herausforderungen gegenüber. Viele Anforderungen waren vage und alle waren dringend. Das kontinuierliche Hinzufügen kritischer neuer Anforderungen führte zu Terminverschiebungen und dazu, dass letztlich unerwünschte Features ins Produkt aufgenommen wurden. Dabei war Steve Davi sich durchaus bewusst, dass es einen Wettbewerbsvorteil darstellen würde, wenn man noch spät im Release geänderte Anforderungen integrieren konnte.

Der Vertrieb von SeaChange verkaufte das nächste Release samt einiger zusätzlicher Features an Verizon und versprach die Lieferung des Release binnen drei Monaten. Steve Davi hielt den Termin für unmöglich. Wie so häufig wurde ihm aber gesagt, dass er trotzdem liefern müsse. Er sorgte dafür, dass seine Entwickler auch an Wochenenden und nachts arbeiteten. In den nächsten drei Monaten entwickelten sie 90 % des Release für Verizon. Das Release war voller Fehler und es gab Performance-Probleme. In den nächsten sechs Monaten besuchte Steve Davi sehr häufig Verizon in New Jersey, um Beschwerden wegen der schlechten Produktqualität entgegenzunehmen und zu versprechen, die Probleme zu beheben.

Es dürfte nicht überraschen, dass Verizon die Software erst sechs Monate nach dem Release einsetzte. Wenn Steve Davi die Möglichkeit gehabt hätte, von diesen sechs Monaten nur die ersten drei für die Fertigstellung des Release zu nutzen, hätte er sicher nicht so häufig nach New Jersey reisen müssen.

Wie SeaChange neue Wege ging

Steve Davi wusste, dass er einen neuen Ansatz brauchte, um die negative Verizon-Erfahrung in Zukunft zu vermeiden. Gleichzeitig wuchs SeaChange global, kaufte Firmen und integrierte deren Produkte mit den eigenen. Steve Davi benötigte einen Ansatz, mit dem er nicht nur die eigene Entwicklung besser managen konnte, sondern die auch für die Integration der Zukäufe geeignet war.

Scrum wird vor allem von denjenigen geliebt, die um Änderungen nicht herumkommen. Wenn das, was sie bisher getan haben, funktioniert hätte, hätten sie nichts geändert. Veränderungen sind schwierig, traumatisch und riskant. Nur die Verzweifelten und die Visionäre wagen Veränderungen. Das Problem muss größer erscheinen als die Schwierigkeiten und Risiken. Viele Manager sind fähig, den Status quo zu erhalten. Sie sind aber nicht in der Lage, Veränderungen zu bewirken. Glücklicherweise kannte sich Steve Davi mit Change Management aus. Im Jahre 2005 hat er Scrum für ein Produkt ausprobiert: ein neues webbasiertes Produkt im Bereich Social Media. Scrum funktionierte dort sehr gut und das Produkt wurde (häufig) geliefert. Leider erwies sich die adressierte Nische im Markt bis 2009 als finanziell nicht attraktiv. Daher wurde das Produkt zunächst zurückgestellt. Allerdings sorgte das Projekt bei SeaChange für Vertrauen in Scrum.

Steve Davi verwendete Scrum für die Scrum-Transition. Er bildete eine kleine Gruppe aus Managern und Führungskräften (das Transitionsteam). Die Gruppe erstellte eine Liste der Dinge, die geändert werden mussten, konkreter Aktivitäten, um die Veränderungen zu bewirken, und der Probleme, denen sie begegneten (das Transitions-Backlog). Das Team arbeitete an dieser Liste und bewirkte relevante Änderungen alle 30 Tage (Transitionssprints). Die Teammitglieder trafen sich täglich, um den Fortschritt zu prüfen und unvorhergesehene Probleme zu besprechen (Daily Scrum). Das Team kommunizierte häufig über den aktuellen Stand der Dinge. Schließlich waren alle von den Veränderungen betroffen und jeder war an den Auswirkungen auf sich persönlich interessiert.

Das Management musste sein Führungsverständnis ändern: moderieren statt befehlen. Es gab nicht mehr Anweisungen, damit die Mitarbeiter taten, was der Plan vorsah. Stattdessen unterstützte es die Mitarbeiter dabei, den Plan zu erfüllen. Aus den ehemaligen »Ressourcen« wurden kreative Menschen, die ihr Bestes gaben. Diese und andere grundlegende Änderungen der Weltsicht im Unternehmen waren besonders für das mittlere Management schwierig, sodass ein Teil davon den Änderungen mit Widerstand begegnete. Ein Manager verließ das Unternehmen, weil er so nicht arbeiten konnte.

Eine weitere Herausforderung wurde im Vertrieb und beim Marketing sichtbar. Scrum erfordert eine Liste von neuen und erweiterten Produktfeatures. Dieser Plan ändert sich häufig, ist aber ständig sichtbar. Die Entwickler arbeiten nur entlang dieser Liste. Um diesen Prozess zu etablieren, hatten Vertrieb und Marketing an der Erstellung der Feature-Liste mitgearbeitet. Sie wussten, dass ihre Anforderungen und Commitments gegenüber Kunden im Vergleich mit allen anderen Anforderungen priorisiert würden. Sie mussten der Priorisierung vor dem Hintergrund der Unternehmens- und Produktvision zustimmen und persönliche Wünsche und Bedürfnisse wurden zurückgestellt. Das war eine erhebliche Veränderung. Die Mitarbeiter aus Vertrieb und Marketing musste kooperieren, Ideen zusammenwerfen und Entscheidungen treffen, an die sie sich auch selbst halten mussten.

Ein Bestandteil der Veränderung bei SeaChange war, dass die Mitarbeiter und Manager sich häufig zu Retrospektiven trafen, in denen sie über das, was passierte, und dessen Effektivität reflektierten. Sie beschlossen und implementierten Maßnahmen, um effektiver zu werden. Eine überraschende Veränderung wurde in der Qualität sichtbar. Vor Scrum war die Qualitätssicherungsabteilung für die Qualität verantwortlich. Entwickler bauten so viel Funktionalität wie möglich in das Produkt und die Qualitätssicherung prüfte, ob sie funktionierte. Mit Scrum hingegen ist jeder für die Qualität verantwortlich. Qualität wird nicht mehr am Ende kurz vor dem Release geprüft. Jedes Inkrement muss eine hohe Qualität aufweisen, weil jedes neue Inkrement auf der Qualität der vorangehenden Inkremente aufbaut.

Ergebnisse

SeaChange setzt Scrum inzwischen weltweit ein. Von allen zugekauften Unternehmen wird erwartet, dass sie Scrum verwenden. Damit können die zugekauften Unternehmen weiterhin ihre erfolgreichen Entwicklungstechniken einsetzen, so wie es auch bei Carbonite der Fall war. Scrum wird verwendet, um diese Entwicklungstechniken so einzurahmen, dass vorhersagbar und regelmäßig nützliche Managementinformationen transparent werden. Mit Scrum war SeaChange in der Lage, mit der Konkurrenz mitzuhalten und sich sogar einen Wettbewerbsvorteil zu erarbeiten. Außerdem konnten die zugekauften Unternehmen schnell integriert und frühzeitig ein Nutzen aus deren Produkten gezogen werden.

Scrum breitet sich bei Iron Mountain aus

In Kapitel 3 haben wir beschrieben, wie *Iron Mountain* mit verteilten Entwicklern zu kämpfen hatte und wie Paul Luppino die Probleme gelöst hat. Scrum hat sich danach auch im Rest der Entwicklungsabteilung ausgebreitet.

Paul Luppino wurde befördert und arbeitet jetzt direkt für den Vorstandsvorsitzenden von Iron Mountain, Harold Ebbighausen. Er hat Scrum für die Geschäftsentwicklung eingesetzt und sechs Geschäftsbereiche berichten jetzt alle 30 Tage auf Basis vollständiger Produktinkremente, wo sie bzgl. der Monatsplanung, Dreimonatsplanung und Sechsmonatsplanung stehen. Die Arbeit des Managements (z. B. das Verändern von Unternehmensprozessen, Zusammenarbeit mit Kunden um die Geschäftsbeziehungen zu verbessern, und das Lösen organisatorischer Probleme) ist jetzt in einem Transitions-Backlog festgehalten. Dieses Backlog beschreiben wir weiter unten. Einträge auf diesem Backlog werden für Sprints geplant und müssen innerhalb eines Sprints erledigt werden. Wenn Einträge nicht vollständig erledigt werden können, arbeitet das ganze Managementteam daran, die Ursache dafür zu erkennen. Ist die Aufgabe unlösbar? Ist die Aufgabe zu groß und muss in mehrere Teilaufgaben aufgeteilt werden? Ist Unterstützung durch andere Manager notwendig? Die restliche Arbeit wird dann präzise neu formuliert und geht in den nächsten Sprint ein. Iron Mountain verwendet Scrum außerdem generell für das Management. Weil Softwareentwicklung und Organisationsentwicklung komplex sind, ist Scrum in beiden Bereichen nützlich.

Transitionsteams

Während einer Unternehmensumgestaltung werden zwei Arten von Scrum-Teams gebildet:

1. Das Transitionsteam benutzt Scrum, um das Unternehmen passend zur Vision umzugestalten.
2. Rollout-Teams benutzen Scrum, um die konkreten Änderungen durchzuführen und die Veränderungen zu bewirken.

Das Transitionsteam

Der Product Owner des Transitionsteams sollte möglichst hochrangig besetzt werden. Er sollte in der Lage sein, sich über Konflikte zwischen Abteilungen oder Personen hinwegzusetzen, wenn es dem Wohl des Unternehmens dient. Die Stakeholder, die der Product Owner berücksichtigen muss, finden sich überall im Unternehmen. Neben dem Product Owner sollte das Transitionsteam einen Scrum Master haben. Dieser sollte erfahren darin sein, Organisationsänderungen zu moderieren. Der Scrum Master hält das Transitionsprojekt zusammen und sorgt dafür, dass Scrum und Sprints angewendet werden, um die Umgestaltung durchzuführen.

Das Transitionsteam kann nur dann erfolgreich sein, wenn die Teammitglieder miteinander kooperieren. Wenn der individuelle Erfolg Einzelner wichtiger erscheint als der Teamerfolg, wird die Umgestaltung scheitern. Veränderung kann es ohne Kooperation und Teamwork nicht geben. Eine exzellente Lektüre zu dem Thema ist »*The Five Dysfunctions of a Team*« von Patrick Lencioni [Lencioni 2002].

Transitions-Rollout-Teams

Das Transitionsteam formt Rollout-Teams, um die organisatorischen Änderungen durchzuführen. Diese Rollout-Teams selektieren Arbeit aus dem Transitions-Backlog und ändern die Organisation schrittweise durch Transitionsinkremente.

Das Transitionsteam richtet die Rollout-Teams nach Bedarf ein. Die Rollout-Teams können temporär bestehen oder für einen längeren Zeitraum erhalten bleiben. Die Teammitglieder können aus dem Management stammen, es können Scrum Master sein oder Meinungsführer im Unternehmen. Die Teammitglieder müssen nicht Vollzeit im Rollout-Team arbeiten. Man wird Experten und Führungskräfte aus den Bereichen in die Rollouts-Teams aufnehmen, in denen die Veränderungen stattfinden. Ihre Verfügbarkeit und Kompetenz wird die Geschwindigkeit der Veränderung bestimmen.

Die Rollout-Teams unterscheiden sich vom Transitionsteam, das den Veränderungsprozess lenkt (Abb. 10–1). Sie unterscheiden sich außerdem von den Scrum-Teams, die die Software inkrementell entwickeln. Die Rollout-Teams erzeugen Veränderungen.

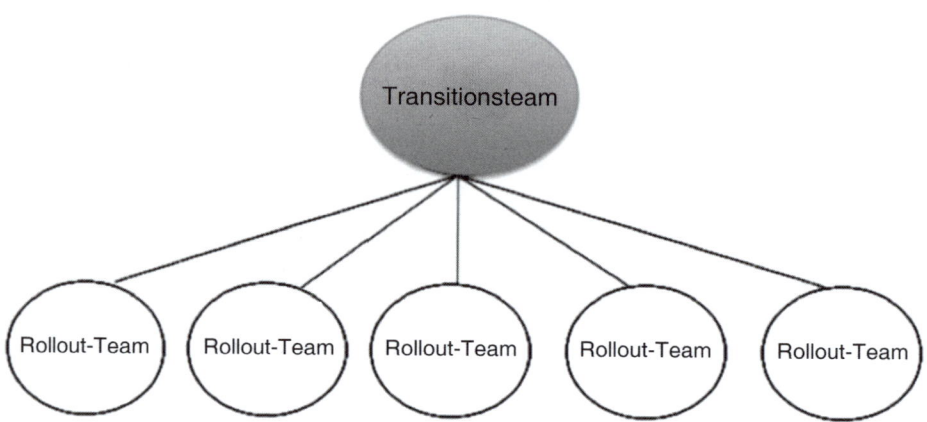

Abb. 10–1   *Transitionsteam und Rollout-Teams*

Transitionsprozess

Unternehmensumgestaltungen sind komplex. Das Transitionsteam verwendet für seine Arbeit Scrum, sodass Veränderungen Sprint für Sprint durchgeführt werden. Die wichtigsten und erreichbaren Änderungen werden vom Transitionsteam aus dem Transitions-Backlog ausgewählt und an die Rollout-Teams gegeben. Die Umgestaltung findet Inkrement für Inkrement statt.

▪ **Vor jedem Sprint:**
  Das Transitionsteam begutachtet vor jedem Sprint die kommende Arbeit im Transitions-Backlog. Auf Basis der Backlog-Einträge werden passende Rollout-Teams identifiziert. Wenn das gewünschte Rollout-Team noch nicht existiert, wird es für den kommenden Sprint zusammengestellt.

▪ **Sprint-Planung:**
  Meetings zu Sprint-Planungen dauern maximal einen Tag. Die Rollout-Teams treffen sich mit dem Product Owner der Umstellung. Der Product Owner stellt die anstehenden Änderungen vor und hilft den Rollout-Teams bei der Entwicklung der Umsetzungstaktik. Das Rollout-Team macht eine Vorhersage darüber, wie viele Einträge aus dem Transitions-Backlog es umsetzen kann.

- **Sprint:**

  Die Rollout-Teams erzeugen Veränderungen je Sprint. Die Teammitglieder treffen sich täglich, um den Fortschritt im Sprint festzustellen und die kommenden Arbeit zu (re-)organisieren. Jedes Rollout-Team hat einen Scrum Master, der sich mit dem Product Owner der Umstellung in Verbindung setzt, wenn Hindernisse auftreten.

- **Sprint-Reviews:**

  Am Ende jedes Sprints wird ein Sprint-Review durchgeführt, in dem konkrete Veränderungen vorgestellt werden. Die Ergebnisse der Veränderungen und die Arbeit des Rollout-Teams werden bewertet. Auf dieser Basis wird festgelegt, was im nächsten Transitionssprint in Angriff genommen werden sollte.

  Manchmal haben Rollout-Teams nichts, was sie demonstrieren können. Das kann bedeuten, dass die falschen Leute im Transitionsteam arbeiten, dass das Team nicht ausreichend Zeit investiert hat oder das Problem im Moment zu schwierig zu lösen ist. Das Heilmittel ist die Reorganisation des Transitions-Backlogs oder des Teams. Und dann wird ein neuer Versuch unternommen.

- **Weiter sprinten:**

  Das Unternehmen ändert sich Sprint für Sprint. Das Transitionsteam muss aktiv nach neuer Arbeit suchen. Zu oft lehnt sich das Transitionsteam selbstzufrieden zurück, bevor die Veränderungen dauerhaft verankert wurden. Dann ist die Veränderung nur temporär und verschwindet mit dem Transitionsteam.

Zusammenfassung

Scrum ist ein Prozess, um komplexe Arbeit zu managen. Nichts ist komplexer als Unternehmensumgestaltungen. Wir haben beschrieben, wie man Scrum für Unternehmensumgestaltungen verwenden kann. Scrum wird dafür nicht verändert – nur der Inhalt im Backlog und die Ergebnisse differieren.

Anhang

A Terminologie

Anforderungen (Requirements): Anforderungen definieren die Eigenschaften, die ein Produkt oder Service aufweisen soll. Anforderungen beschreiben die Attribute, Fähigkeiten, Charakteristika und Qualität, die ein System besitzen muss, damit es Wert hat und für die Anwender nützlich ist.

Basislinie (Baseline): Eine Linie für Messungen. In einem Burndown-Chart zeigt die Basislinie den Zeitpunkt an, zu dem keine weitere Arbeit für das Release mehr übrig ist.

Burndown-Chart: Das Burndown-Chart visualisiert die Restarbeit für ein Release bezogen auf die Zeit, die in Sprints gemessen wird.

Daily Scrum: Das Daily Scrum ist ein auf 15 Minuten beschränktes Meeting des Teams, in dem es sich über den aktuellen Stand im Sprint austauscht und die Arbeit bis zum nächsten Daily Scrum plant. Das geschieht, indem die seit dem letzten Daily Scrum erledigte Arbeit inspiziert und eine Prognose darüber erstellt wird, was bis zum nächsten Daily Scrum erledigt werden kann.

Um Komplexität zu reduzieren, findet das Daily Scrum jeden Werktag am gleichen Ort zur gleichen Zeit statt. Während des Meetings gibt jedes Teammitglied Auskunft zu diesen Fragen:

- Was wurde seit dem letzten Daily Scrum erledigt?
- Was wird bis zum nächsten Meeting erledigt sein?
- Welche Hindernisse stehen dabei im Weg?

Emergenz: Emergenz beschreibt die Art und Weise, wie komplexe Systeme und Muster aus vielen relativ einfachen Interaktionen entstehen. Emergenz ist eine zentrale Eigenschaft komplexer Systeme.

Empirie: Empirie beschreibt die Informationsgewinnung auf Basis von Beobachtungen oder Experimenten.

Entwicklungsteam: Das Entwicklungsteam besteht aus den Mitarbeitern, deren Aufgabe darin besteht, vollständig fertige Software-Inkremente in jedem Sprint herzustellen. Nur Mitglieder des Entwicklungsteams beteiligen sich an der Entwicklung der Inkremente.

Function Point: Function Points sind ein Maß für die fachliche Komplexität eines Softwaresystems. Man kann die Kosten je Function Point auf Basis vergangener Projekte berechnen.

Geschwindigkeit (Velocity): Die Geschwindigkeit ist ein Maß, das angibt, welche Menge an Funktionalität, die in einem Zeitabschnitt oder für eine gegebene Menge Geld entwickelt werden kann.

Inkrement: Das Inkrement besteht aus der Summe aller im Sprint umgesetzten Product-Backlog-Einträge plus aller in früheren Sprints umgesetzten Funktionalitäten. Am Ende des Sprints muss das Inkrement »fertig« (»done«) sein, was bedeutet, dass es benutzbar sein muss und die »Definition of Done« des Teams erfüllen muss. Die Entscheidung, ob das Inkrement tatsächlich an Kunden und Anwender ausgeliefert wird, liegt beim Product Owner.

Iteration: Iterieren bedeutet, dass man eine Folge von Schritten oder Prozessen wiederholt, um in der Regel ein bestimmtes Ziel oder Ergebnis zu erreichen. Eine Wiederholung des Prozesses nennt man *Iteration* und die Ergebnisse einer Iteration sind der Startpunkt für die nächste Iteration.

Iterativ-inkrementeller Prozess: Iterativ-inkrementelle Entwicklung bedeutet, dass das System in einer Reihe von Iterationen entwickelt wird, von denen jede ein vollständiges Inkrement mit Funktionalitäten erzeugt. Diese Funktionalitäten basieren auf den Funktionalitäten der vorhergehenden Iterationen. Es werden so lange Iterationen durchgeführt, bis das Ziel erreicht oder der geschaffene Wert optimiert wurde.

PRN: PRN steht für das lateinische »pro re nata«, was so viel bedeutet wie »bei Bedarf einzunehmen«.

Product Backlog: Das Product Backlog ist eine geordnete Liste von den Eigenschaften, die im Produkt benötigt werden. Es ist die einzige Quelle für jegliche Änderungen am Produkt. Der Product Owner ist für das Product Backlog verantwortlich, inklusive des Inhalts, der Sichtbarkeit und der Ordnung.

Product Owner: Der Product Owner ist dafür verantwortlich, den Wert des Produkts zu maximieren sowie die Wertschöpfung durch das Team. Wie dies konkret geschieht, hängt vom Unternehmen, dem Team und den Individuen ab.

Produktivität: Produktivität ist die Menge der Funktionalitäten, die für eine bestimmte Menge Geld (z. B. 100.000 €) entwickelt werden kann. Die Produktivität wird auch Geschwindigkeit (Velocity) genannt.

Qualität: Die Anzahl Fehler wird von dem Zeitpunkt an gezählt, zu dem die Funktionalität an den Product Owner übergeben wurde. Wenn die Funktionalität drei Monate lang durch Anwender verwendet wurde, beenden wir die Fehlerzählung.

Scrum: Scrum ist ein iterativ-inkrementeller Prozess, der empirische Prozesskontrolle verwendet. Scrum ist einer von mehreren agilen Prozessen.

Scrum Master: Der Scrum Master ist dafür verantwortlich, dass Scrum verstanden und korrekt angewendet wird. Scrum Master sorgen dafür, dass das Scrum-Team der Scrum-Theorie mit seinen Praktiken und Regeln folgt. Der Scrum Master ist ein sogenannter »Servant-Leader« für das Scrum-Team, der »führen durch dienen« praktiziert.

Scrum-Team: Das Scrum-Team besteht aus dem Product Owner, dem Entwicklungsteam und dem Scrum Master. Scrum-Teams arbeiten selbstorganisiert und sind interdisziplinär (cross-functional) besetzt.

Selbstorganisation: Selbstorganisation ist der Prozess, in dem sich in einem System Strukturen und Muster herausbilden, ohne dass es zentrale Entscheidungen und externe Planungen für das System gibt.

Softwareentwickler: Ein Softwareentwickler ist eine Person, die am Softwareentwicklungsprozess teilnimmt. Die Arbeiten von Softwareentwicklern beinhalten unter anderem Forschen, Designen, Programmieren und Testen. »Softwareentwickler« ist also nicht einfach ein anderer Name für »Programmierer«.

Sprint: Das Herzstück von Scrum ist der Sprint, eine Timebox (Zeitfenster) von einem Monat oder weniger. Im Sprint wird ein vollständig fertiges, benutzbares und potenziell auslieferbares Produktinkrement erzeugt. Sprints sind immer gleich lang innerhalb eines Entwicklungsvorhabens. Der neue Sprint beginnt direkt nach dem Ende des vorigen Sprints.

Sprint Backlog: Das Sprint Backlog enthält eine Menge von Product-Backlog-Einträgen, die für den Sprint ausgewählt wurden, plus dem Plan, wie aus diesen Einträgen ein Produktinkrement wird. Das Entwicklungsteam macht eine Vorhersage darüber, wie viel Funktionalität es im Sprint umsetzen kann. Auf Basis dieser Vorhersage erstellt das Entwicklungsteam ein realistisches Sprint Backlog.

Das Sprint Backlog definiert die Arbeit, die das Entwicklungsteam erledigen wird, um die Product-Backlog-Einträge in ein fertiges Inkrement zu transformieren. Das Sprint Backlog visualisiert jegliche Arbeit, die das Entwicklungsteam erledigen muss, um das Sprint-Ziel zu erreichen.

Sprint-Planung: In der Sprint-Planung wird die Arbeit für den Sprint geplant. Der Sprint-Plan wird kooperativ vom gesamten Scrum-Team erstellt.

Die Sprint-Planung für einen Monatssprint belegt ein Zeitfenster von acht Stunden. Für kürzere Sprints ist das Zeitfenster entsprechend kürzer. Bei Zweiwochensprints genügen für die Sprint-Planung beispielsweise vier Stunden.

Die Sprint-Planung besteht aus zwei Teilen. Jeder Teil nimmt die Hälfte des Zeitfensters für die Sprint-Planung ein. Die beiden Teile der Sprint-Planung beantworten diese beiden Fragen:

- Was wird im Inkrement enthalten sein, das im kommenden Sprint entwickelt wird?
- Wie wird die Arbeit erledigt, die notwendig ist, um das Inkrement zu entwickeln?

Sprint-Retrospektive: In der Sprint-Retrospektive inspiziert das Scrum-Team die eigene Arbeitsweise und Zusammenarbeit und erstellt einen Plan, wie im kommenden Sprint Verbesserungen an Prozess und Zusammenarbeit erreicht werden.

Die Sprint-Retrospektive findet nach dem Sprint-Review und vor der nächsten Sprint-Planung statt. Die Sprint-Retrospektive für einen Monatssprint nimmt ein Zeitfenster von drei Stunden in Anspruch. Bei kürzeren Sprints wird entsprechend weniger Zeit vorgesehen.

Sprint-Review: Das Sprint-Review findet am Ende des Sprints statt. Im Sprint-Review wird das entwickelte Inkrement inspiziert und bei Bedarf auf dieser Basis das Product Backlog angepasst. Im Sprint-Review arbeiten das Scrum-Team und die Stakeholder zusammen, um die Ergebnisse des Sprints zu bewerten. Auf Basis dieser Bewertung und der Änderungen am Product Backlog arbeiten Scrum-Team und Stakeholder an der Frage, was im nächsten Sprint erledigt werden sollte.

Das Sprint-Review ist ein informelles Meeting, und die Demonstration des Inkrements dient dem Zweck, Feedback einzuholen und Kooperation zu initiieren.

Das Sprint-Review für einen Monatssprint nimmt ein Zeitfenster von vier Stunden in Anspruch. Für kürzere Sprints wird entsprechend weniger Zeit vorgesehen.

Transparenz: Das Inkrement ist ein vollständiges Stück Funktionalität, sodass es direkt verwendet und auf seiner Basis der Fortschritt, bezogen auf eine Vision oder ein Ziel, ermittelt werden kann.

Trend: Der Trend ist eine Projektion der Geschwindigkeit (Velocity) über die Zeit, um abzuschätzen, was passieren kann (unter der Annahme, dass die Zukunft so ähnlich sein wird die Vergangenheit).

Vision: Die Vision ist eine teilweise ausformulierte Idee von etwas, das auf eine bestimmte Art und Weise funktioniert, nützlich ist, die Welt oder den Arbeitsplatz von Anwendern unterschiedlich verändert, Wert generiert und das die Welt oder den Markt um etwas bereichert, was es vorher in dieser Form nicht gab.

Vorhersage (Forecast): Das Team sagt vorher, wie viele Anforderungen des Product Backlog im Sprint umgesetzt werden können. Eine Vorhersage ist keine Garantie.

Wasserfall (Waterfall): Der Wasserfall ist ein sequenzieller Prozess, der häufig in der Softwareentwicklung verwendet wird. Im Wasserfallprozess durchläuft die Arbeit verschiedene Phasen wie Konzeption, Initiierung, Analyse, Entwurf, Konstruktion, Testen, Produktion/Implementierung und Wartung.

B   Der Scrum Guide

Der gültige Leitfaden für Scrum: die Spielregeln

Version vom Oktober 2011

Scrum:
Entwickelt und kontinuierlich verbessert von Ken Schwaber und Jeff Sutherland

Inhalt

Zielsetzung des Scrum Guide

Scrum ist ein Framework zur nachhaltigen Entwicklung komplexer Produkte. Dieser Leitfaden beinhaltet die Definition von Scrum. Diese Definition besteht aus den Scrum-Rollen, -Ereignissen, -Artefakten sowie den Regeln, die all dies zusammenhalten. Ken Schwaber und Jeff Sutherland haben Scrum entwickelt; der Scrum Guide wurde von ihnen verfasst und veröffentlicht. Beide stehen gemeinsam hinter dem Scrum Guide.

Scrum-Überblick

Scrum: Ein Rahmenwerk, mit dessen Hilfe Menschen komplexe adaptive Aufgabenstellungen angehen können und durch das sie in die Lage versetzt werden, produktiv und kreativ Produkte mit dem höchstmöglichen Wert auszuliefern. Scrum ist:

- leichtgewichtig
- einfach zu verstehen
- extrem schwer zu meistern

Scrum wird seit den frühen 1990er-Jahren als Prozessframework bei der Umsetzung komplexer Produktentwicklungen verwendet. Scrum ist weder ein Prozess noch eine Technik zur Erstellung von Produkten; es ist vielmehr als Framework zu verstehen, innerhalb dessen verschiedene Prozesse und Techniken zum Einsatz gebracht werden können. Scrum macht die relative Wirksamkeit Ihres Produktmanagements und Entwicklungsvorgehens sichtbar, sodass Schritte zur Verbesserung eingeleitet werden können.

Scrum-Framework

Das Scrum-Framework besteht aus Scrum-Teams und den mit ihnen verbundenen Rollen, Ereignissen, Artefakten und Regeln. Jede Komponente des Frameworks dient einem spezifischen Zweck und ist wesentlich für die erfolgreiche Anwendung von Scrum.

Bestimmte Strategien zur Nutzung des Scrum-Frameworks können variieren; sie sind an anderer Stelle beschrieben.

Durch die Regeln von Scrum werden die Beziehungen und Wechselwirkungen zwischen den Ereignissen, Rollen und Artefakten bestimmt. Die Regeln von Scrum sind in diesem Dokument beschrieben.

Scrum-Theorie

Scrum basiert auf der Theorie der empirischen Prozesssteuerung oder des Empirismus. Empirismus basiert auf der Grundannahme, dass Wissen aus Erfahrung gewonnen wird und dass Entscheidungen auf Grundlage bekannter Fakten getroffen werden. In Scrum wird zur Verbesserung der Vorhersagbarkeit und Risikokontrolle ein iterativer und inkrementeller Ansatz verfolgt.

Jede Anwendung empirischer Prozesssteuerung stützt sich auf die drei Säulen: Transparenz, Inspektion und Adaption (inspection & adaptation).

Transparenz

Die wesentlichen Aspekte des Prozesses müssen für diejenigen Personen erkennbar sein, die für das Prozessergebnis verantwortlich sind. Transparenz erfordert, dass diese Aspekte durch einen gemeinsamen Standard definiert sind, sodass Beobachter ein gemeinsames Verständnis über das Beobachtete teilen.

Beispiel:

- Eine gemeinsame Sprache, die sich auf den Prozess bezieht, muss von allen Beteiligten verwendet werden.
- Eine gemeinsame Definition von »Done«[1] muss sowohl von den arbeitenden als auch von den das Arbeitsergebnis abnehmenden Personen geteilt werden.

Inspektion (Inspection)

Scrum-Anwender müssen ständig die Scrum-Artefakte und den Fortschritt auf dem Weg zur Erreichung des Ziels überprüfen, um unerwünschte Abweichungen zu entdecken. Die Häufigkeit der Überprüfungen sollte in dem Zusammenhang nicht so hoch sein, dass die eigentliche Arbeit dadurch behindert wird. Der größte Nutzen kann aus einer Überprüfung gezogen werden, wenn sie ständig durch sachkundige Personen am Ort des Geschehens vorgenommen wird.

Adaption (Adaptation)

Wenn bei einer Inspektion festgestellt wird, dass einer oder mehrere Aspekte des Prozesses außerhalb akzeptabler Grenzen liegen und das Produktergebnis dadurch ebenfalls nicht zu akzeptieren sein wird, muss so schnell wie möglich eine Anpassung des Prozesses oder des Arbeitsgegenstandes vorgenommen werden, um weitere Abweichungen zu minimieren.

---

1.   Siehe Definition of »Done« weiter unten.

Scrum schreibt vier offizielle Gelegenheiten für Überprüfungen und Anpassungen (inspection & adaptation) vor, die im Abschnitt Scrum-Ereignisse dieses Dokuments beschrieben werden.

- Sprint-Planung
- Daily Scrum
- Sprint-Review
- Sprint-Retrospektive

Scrum

Scrum ist ein Framework, das die Entwicklung komplexer Produkte unterstützt. Scrum besteht aus Scrum-Teams und den zugehörigen Rollen, Ereignissen, Artefakten und Regeln. Jede Komponente des Frameworks dient einem bestimmten Zweck und ist wesentlich für die erfolgreiche Anwendung von Scrum.

Das Scrum-Team

Das Scrum-Team besteht aus dem Product Owner, dem Entwicklungsteam und dem Scrum Master. Scrum-Teams sind selbstorganisiert und interdisziplinär. Selbstorganisierte Teams entscheiden eigenständig darüber, wie die zu erledigende Arbeit am besten bewältigt werden kann. Es gibt niemanden, der einem selbstorganisierten Team von außen vorgibt, wie die Arbeit zu erledigen ist. Interdisziplinäre Teams verfügen über alle Kompetenzen, ihr Arbeitsergebnis zu erreichen, ohne dabei von anderen abhängig zu sein, die nicht Teil des Teams sind. Das hier beschriebene Scrum-Team-Modell hat zur Aufgabe, die Flexibilität, Kreativität und Produktivität des Teams beständig zu verbessern.

Scrum-Teams liefern Produkte in regelmäßigen Abständen (iterativ) und stufenweise erweiternd (inkrementell) aus. Dadurch werden die Möglichkeiten für Feedback maximiert. Die inkrementelle Lieferung »fertiger« Produkte stellt sicher, dass immer eine potenziell gebrauchsfertige und nutzbare Version des Produkts zur Verfügung steht.

Der Product Owner

Der Product Owner ist für die Maximierung des Wertes des Produkts und der Arbeit, die das Entwicklungsteam verrichtet, verantwortlich. Für unterschiedliche Organisationen, verschiedene Scrum-Teams und Einzelpersonen kann es viele Wege zur Erreichung dieses Ziels geben.

Der Product Owner ist als einzige Person für die Verwaltung des Product Backlog verantwortlich.

Product-Backlog-Verwaltung beinhaltet:

- Die klare Formulierung der Einträge im Product Backlog
- Die Anordnung der Einträge (»ordering«) in der gewünschten Fertigstellungs-reihenfolge, durch die die Ziele des Vorhabens optimal unterstützt werden
- Die Sicherstellung der Wertschöpfung des Entwicklungsteams
- Die Sicherstellung, dass das Product Backlog für alle Beteiligten einsehbar, transparent sowie klar ist und dass es anzeigt, woran das Scrum-Team als Nächstes arbeiten wird
- Die Sicherstellung, dass das Entwicklungsteam die Einträge des Product Backlog im erforderlichen Maße versteht

Der Product Owner kann die aufgezählten Tätigkeiten selbst ausführen oder durch das Entwicklungsteam erledigen lassen. In jedem Fall bleibt der Product Owner verantwortlich.

Der Product Owner ist eine Person, kein Ausschuss oder Gremium. Der Product Owner kann ein Gremium repräsentieren, jedoch ist es nur dem Product Owner erlaubt, die Fertigstellungsreihenfolge der Einträge des Product Backlog zu verändern. Jede andere Person, die Einfluss auf diese Reihenfolge nehmen will, muss den Product Owner von der Änderung überzeugen.

Die Entscheidungen des Product Owner müssen durch die gesamte Organisation respektiert werden, anderenfalls kann der Product Owner seine Rolle nicht verantwortlich ausfüllen und auch keinen Erfolg haben. Die Entscheidungen des Product Owner manifestieren sich im Inhalt und in der Anordnung des Product Backlog. Niemand darf das Entwicklungsteam anweisen, mit anderen Anforderungen als den im Product Backlog festgelegten zu arbeiten, und dem Entwicklungsteam ist es nicht erlaubt, Arbeitsanweisungen von anderen Personen als dem Product Owner anzunehmen.

Das Entwicklungsteam

Das Entwicklungsteam besteht aus Fachleuten, deren Aufgabe die Erstellung eines potenziell auslieferbaren und »fertigen« (»done«) Produktinkrements zum Ende eines jeden Sprints ist. Nur die Mitglieder des Entwicklungsteams erstellen dieses Inkrement.

Entwicklungsteams sind durch die umgebende Organisation zu selbstorganisierter Arbeit ermächtigt und so strukturiert, dass sie ihre Arbeit selbst verwalten können. Die sich daraus ergebende Synergie optimiert die Effizienz und Effektivität des Entwicklungsteams.

Entwicklungsteams sind durch die folgenden Merkmale gekennzeichnet:

- Sie sind selbstorganisierend. Niemand (auch nicht der Scrum Master) macht dem Entwicklungsteam Vorgaben, wie die Einträge des Product Backlog in ein potenziell auslieferbares Produktinkrement transformiert werden.
- Entwicklungsteams sind interdisziplinär besetzt und verfügen als Team über alle nötigen Kompetenzen, die für die Erzeugung eines Produktinkrements erforderlich sind.
- Unabhängig von der verrichteten Arbeit werden die Mitglieder des Entwicklungsteams als Entwickler bezeichnet. Scrum sieht keine anderen Titel für die Mitglieder eines Entwicklungsteams vor; es gibt keine Ausnahme von dieser Regel.
- Einzelne Mitglieder eines Entwicklungsteams können spezialisierte Fertigkeiten und Kenntnisse haben, die zu einer Fokussierung auf spezifische Arbeitsbereiche führen. Dennoch liegt die Verantwortlichkeit für das Arbeitsergebnis beim Entwicklungsteam als Ganzes.
- Entwicklungsteams enthalten keine Subteams, die ausschließlich in definierten Arbeitsbereichen wie Test oder Analyse tätig sind.

Größe des Entwicklungsteams

Ein Entwicklungsteam sollte klein genug sein, um flexibel zu bleiben, aber groß genug, um alle relevanten Arbeiten erledigen zu können. Ein Entwicklungsteam mit weniger als drei Mitgliedern führt zu reduzierten Wechselwirkungen innerhalb des Teams und verringert die Produktivitätszuwächse. Kleine Entwicklungsteams laufen Gefahr, nicht über alle Kompetenzen und Fertigkeiten zu verfügen, die für die Verrichtung der Arbeit im Sprint benötigt werden, sodass die Auslieferung des Produktinkrements zum Sprint-Ende gefährdet sein kann. Entwicklungsteams mit mehr als neun Mitgliedern erfordern zu viel Koordinationsaufwand. Große Entwicklungsteams erzeugen eine zu hohe Komplexität, um durch einen empirischen Prozess gesteuert werden zu können. Product Owner und Scrum Master werden bei diesen Betrachtungen der Teamgröße nicht mitgezählt, es sei denn, sie arbeiten als Entwickler an den Elementen des Sprint Backlog mit.

Der Scrum Master

Der Scrum Master ist dafür verantwortlich, dass Scrum verstanden und korrekt angewandt wird. Dies erreichen Scrum Master durch die Sicherstellung, dass das Scrum-Team sich konform zur Scrum-Theorie verhält und die gültigen Praktiken und Regeln einhält. Der Scrum Master ist eine dienende Führungskraft (»servant-leader«) für das Scrum-Team.

Der Scrum Master unterstützt die Akteure außerhalb des Scrum-Teams dabei, zu verstehen, welche ihrer Verhaltensweisen in Bezug auf das Scrum-Team hilfreich sind und welche nicht. Der Scrum Master hilft außerdem, diese Verhaltensweisen so zu verändern, dass das Scrum-Team einen maximalen Geschäftswert erzeugen kann.

Die Dienstleistung des Scrum Master für den Product Owner

Der Scrum Master dient dem Product Owner unter anderem, indem er:

- Techniken zur effektiven Verwaltung des Product Backlog etabliert;
- Vision, Ziele und Einträge des Product Backlog gegenüber dem Entwicklungsteam klar kommuniziert;
- das Scrum-Team darin unterrichtet, klare und schlüssige Product-Backlog-Einträge zu erstellen;
- Ein Verständnis dafür schafft, wie langfristige Produktplanung in einem empirischen Arbeitsumfeld funktioniert;
- ein Verständnis dafür schafft, was Agilität ist und wie man sie lebt;
- Scrum-Ereignisse auf Anfrage oder nach Bedarf unterstützt (»facilitate«)

Die Dienstleistung des Scrum Master für das Entwicklungsteam

Der Scrum Master dient dem Entwicklungsteam. Dazu gehört:

- Coaching des Entwicklungsteams zu selbstorganisiertem und interdisziplinärem Handeln;
- Unterrichtung und Führung des Entwicklungsteams bei der Erstellung von Produkten mit hohem Wert;
- Beseitigung von Hindernissen, die den Arbeitsfortschritt des Entwicklungsteams aufhalten;
- Unterstützung (»facilitation«) von Scrum-Ereignissen auf Anfrage oder nach Bedarf;
- Coaching des Entwicklungsteams in Unternehmensumfeldern, in denen Scrum noch nicht voll verstanden oder genutzt wird.

Die Dienstleistung des Scrum Master für die Organisation

Der Scrum Master dient der Organisation. Dazu gehört:

- Führung und Coaching der Organisation bei der Umsetzung von Scrum;
- Planung von Scrum-Einführungen in der Organisation;
- Unterstützung der Mitarbeiter und Interessenvertreter dabei, Scrum und empirische Produktentwicklung zu verstehen und richtig anzuwenden;

▓ Anstoßen von Veränderungsprozessen, die die Produktivität des Scrum-Teams verbessern;

▓ Zusammenarbeit mit anderen Scrum Mastern, um den effektiven Einsatz von Scrum innerhalb der Organisation voranzutreiben.

Scrum-Ereignisse

Vorgeschriebene Ereignisse werden in Scrum verwendet, um eine Regelmäßigkeit herzustellen und die Notwendigkeit für andere Besprechungen zu minimieren. Für alle Ereignisse sind in Scrum Zeitfenster (»time-boxes«) vorgesehen, durch die die maximale Dauer jedes Ereignisses begrenzt wird. Dadurch wird ein angemessener Zeitanteil für Planungszwecke festgelegt, der keine Verschwendung zulässt.

Anders als der Sprint, der ein Container für alle anderen Scrum-Ereignisse ist, bieten die übrigen Ereignisse in Scrum eine formale Möglichkeit, Sachverhalte zu beobachten und anzupassen (»inspect and adapt«). Die Ereignisse sind speziell dazu entworfen, kritische Transparenz zu erzeugen und eine Untersuchung zu ermöglichen. Werden Ereignisse ausgelassen, führt das zu reduzierter Transparenz und es wird eine Chance zur Überprüfung und Anpassung vergeben.

Der Sprint

Der Sprint ist das Herzstück von Scrum. Der Sprint ist eine Timebox (Zeitfenster) von einem Monat oder kürzer, in dem ein mit »done« (fertig) gekennzeichnetes, nutzbares und potenziell auslieferbares Produktinkrement hergestellt wird. Sprints haben während eines Entwicklungsvorhabens eine gleich lange Dauer. Jeder neue Sprint beginnt direkt nach der Beendigung des vorhergehenden Sprints.

▓ Sprints enthalten und bestehen aus der Sprint-Planung, den Daily Scrums, der eigentlichen Entwicklungsarbeit, dem Sprint-Review und der Sprint-Retrospektive.

Während des Sprints:

▓ werden keine Änderungen vorgenommen, die das Sprint-Ziel verändern;

▓ bleibt die Zusammensetzung des Entwicklungsteams konstant;

▓ verschlechtern sich die qualitativen Ziele des Sprints auf keinen Fall;

▓ kann auf Grundlage von aus dem Sprint gewonnenen Erkenntnissen der inhaltliche Umfang zwischen dem Product Owner und dem Entwicklungsteam genauer definiert und neu verhandelt werden.

Jeder Sprint kann als Projekt verstanden werden, für das ein zeitlicher Rahmen von maximal einem Monat zur Verfügung steht. Ebenso wie Projekte werden Sprints dazu verwendet, um etwas zu erreichen. Jeder Sprint ist gekennzeichnet durch die Definition, was erstellt werden soll, einen Entwurf für die Erstellung, einen flexiblen Plan für die Umsetzung sowie die eigentliche Arbeit und das resultierende Arbeitsergebnis.

Sprints sind zeitlich auf einen Kalendermonat begrenzt. Wenn der Betrachtungshorizont für einen Sprint zu groß ist, kann sich die Definition des gewünschten Ergebnisses ändern und die Komplexität sowie das Risiko zunehmen. Sprints ermöglichen Vorhersagbarkeit durch garantierte und mindestens monatliche Überprüfung und Anpassung des Arbeitsfortschrittes gegen ein Ziel. Außerdem begrenzen Sprints das Kostenrisiko auf die Kosten, die innerhalb eines Monats entstehen.

Abbruch eines Sprints

Ein Sprint kann vor seinem vorgesehenen Ende abgebrochen werden. Nur der Product Owner ist befugt, einen Sprint abzubrechen, obwohl dies unter Berücksichtigung des Einflusses von Interessenvertretern, des Entwicklungsteams oder des Scrum Master geschehen kann.

Ein Sprint würde dann abgebrochen, wenn das Sprint-Ziel überflüssig wird. Das kann z. B. eintreten, wenn das Unternehmen eine Richtungsänderung vornimmt oder wenn sich technologische oder Marktbedingungen verändert haben. Ganz allgemein sollte ein Sprint abgebrochen werden, wenn seine Fortführung unter den gegebenen Bedingungen nicht mehr sinnvoll ist. Unter Berücksichtigung der kurzen Dauer eines Sprints sollte das allerdings selten vorkommen.

Bei Abbruch eines Sprints werden alle bearbeiteten und als »done« gekennzeichneten Product-Backlog-Elemente überprüft. Wenn Teile der fertiggestellten Arbeit potenziell auslieferbar sind, wird der Product Owner diese Arbeit im Regelfall akzeptieren. Die nicht fertiggestellten Elemente des Product Backlog werden neu geschätzt und ins Product Backlog zurückgenommen. Die Arbeit, die an diesen Einträgen verrichtet wurde, wird schnell an Wert verlieren und muss regelmäßig neu geschätzt werden.

Sprint-Abbrüche verbrauchen Ressourcen, weil alle Beteiligten sich für den Beginn eines neuen Sprints bei einer erneuten Sprint-Planung treffen müssen, um sich neu zu orientieren.

Außerdem sind Sprint-Abbrüche oft ein traumatisches Erlebnis für das Scrum-Team und sehr unüblich.

Sprint-Planung

Die Arbeit, die während des Sprints zu erledigen ist, wird in der Sprint-Planung festgelegt. Der Arbeitsplan wird in gemeinschaftlicher Arbeit durch das gesamte Scrum-Team erstellt.

Die Sprint-Planung ist für einen einmonatigen Sprint auf ein Zeitfenster von acht Stunden begrenzt (time-box). Für kürzere Sprints wird die Dauer der Sprint-Planung proportional angepasst. Zum Beispiel dauert die Sprint-Planung für einen zweiwöchigen Sprint vier Stunden.

Die Sprint-Planung ist in zwei Teile aufgegliedert, von denen jeder Teil die Hälfte der Dauer einnimmt, die für die gesamte Besprechung zur Verfügung steht. Die beiden Teile liefern eine Antwort auf folgende spezifische Fragestellungen:

- Was wird im Produktinkrement als Ergebnis des aktuellen Sprints ausgeliefert?
- Wie wird die Arbeit umgesetzt, um das gewünschte Ergebnis zu erreichen?

Teil eins: Was wird in diesem Sprint getan?

In diesem Teil erarbeitet das Entwicklungsteam eine Prognose (»forecast«) für die Funktionalität, die im Sprint entwickelt wird. Der Product Owner stellt dem Entwicklungsteam die geordneten Einträge des Product Backlog vor und das gesamte Scrum-Team verschafft sich gemeinsam ein Verständnis über die im Sprint zu verrichtende Arbeit.

Eingabedaten für diese Besprechung sind das Product Backlog, das letzte Produktinkrement, die erwartete Kapazität des Entwicklungsteams für den kommenden Sprint und die bisher beobachtete Entwicklungsgeschwindigkeit des Entwicklungsteams. Ausschließlich das Entwicklungsteam bestimmt, wie viele Einträge aus dem Product Backlog zur Erledigung im Sprint ausgewählt werden, da nur das Entwicklungsteam bewerten kann, was es im kommenden Sprint zu leisten vermag.

Nachdem das Entwicklungsteam eine Prognose darüber abgegeben hat, welche Elemente des Product Backlog im Sprint geliefert werden, wird das Sprint-Ziel durch das Scrum-Team erarbeitet. Das Sprint-Ziel ist eine Vorgabe, die innerhalb des Sprints durch die Umsetzung der Einträge des Product Backlog verwirklicht wird. Das Sprint-Ziel begründet dem Entwicklungsteam, warum das kommende Produktinkrement erstellt wird.

Teil zwei: Wie wird die ausgewählte Arbeit fertiggestellt?

Nachdem die Arbeit für den Sprint ausgewählt wurde, entscheidet das Entwicklungsteam, wie diese Funktionalität während des Sprints in Form eines als »done« (fertig) gekennzeichneten Inkrements umgesetzt wird. Die für den Sprint ausgewählten Einträge des Product Backlog zusammen mit dem Plan, wie diese Einträge ausgeliefert werden, werden als Sprint Backlog bezeichnet.

Das Entwicklungsteam beginnt für gewöhnlich mit dem Systementwurf und der Erstellung eines Arbeitsplans zur Umsetzung der Einträge aus dem Product Backlog in ein funktionierendes Produktinkrement. Die resultierende Arbeitsmenge oder der geschätzte Aufwand können variieren, es wird während der Besprechung jedoch genug Arbeit geplant, damit dem Entwicklungsteam eine Prognose darüber möglich ist, was es im Sprint leisten kann. Am Ende der Besprechung hat das Team die in den ersten Tagen des Sprints zu verrichtende Arbeit in kleine Einheiten zergliedert, die innerhalb eines Tages oder in kürzerer Zeit erledigt werden können. Sowohl in der Sprint-Planung als auch während des Sprints arbeitet das Entwicklungsteam selbstorganisiert, um die Arbeit aus dem Sprint Backlog zu erfüllen.

Der Product Owner kann während dieses zweiten Teils der Besprechung anwesend sein, um für Rückfragen zu den ausgewählten Einträgen des Product Backlog zur Verfügung zu stehen und bei der Auflösung von Zielkonflikten zu helfen. Wenn das Entwicklungsteam feststellt, dass es zu viel oder zu wenig Arbeit für den Sprint ausgewählt hat, kann es den Inhalt des Sprint Backlog mit dem Product Owner erneut verhandeln. Das Entwicklungsteam kann auch außenstehende Dritte zur Sprint-Planung einladen, um Beratung in technischen oder fachlichen Fragen zu erhalten.

Am Ende der Sprint-Planung sollte das Entwicklungsteam in der Lage sein, dem Product Owner und dem Scrum Master zu erläutern, wie es beabsichtigt, das Sprint-Ziel selbstorganisiert zu erreichen, und wie das erwartete Produktinkrement erstellt werden soll.

Sprint-Ziel

Das Sprint-Ziel gibt dem Entwicklungsteam eine gewisse Flexibilität bei der Umsetzung der Funktionalität innerhalb des Sprints.

Während das Entwicklungsteam arbeitet, behält es das Sprint-Ziel fest im Blick. Zur Erreichung des Sprint-Ziels implementiert das Team Funktionalitäten und Technologien. Stellt sich heraus, dass die Arbeit sich anders gestaltet als erwartet, arbeitet das Entwicklungsteam gemeinsam mit dem Product Owner, um den Umfang des Sprint Backlog während des Sprints neu zu verhandeln.

Das Sprint-Ziel kann ein Meilenstein innerhalb einer weiter gefassten Zielsetzung des strategischen Produktentwicklungspfades sein.

Daily Scrum

Das Daily Scrum ist ein auf ein 15-minütiges Zeitfenster beschränktes Ereignis, in dem das Entwicklungsteam seine Aktivitäten synchronisiert und einen Plan für die nächsten 24 Stunden erstellt. Das geschieht durch die Überprüfung der Arbeit seit dem letzten Daily Scrum und die Prognose der Arbeit, die bis zum nächsten Daily Scrum fertiggestellt werden könnte.

Das Daily Scrum wird jeden Tag zur gleichen Zeit am gleichen Ort abgehalten, um die Komplexität zu reduzieren. Im Meeting schildert jedes Mitglied des Entwicklungsteams:

- Was wurde seit dem letzten Meeting erreicht?
- Was wird vor dem nächsten Meeting erledigt?
- Welche Hindernisse (»impediments«) sind dabei im Weg?

Das Entwicklungsteam nutzt das Daily Scrum, um seinen Fortschritt in Richtung des Sprint-Ziels einzuschätzen und sich ein Bild darüber zu verschaffen, wie der Trend in Richtung Fertigstellung der Arbeit im Sprint Backlog aussieht. Das Daily Scrum optimiert die Wahrscheinlichkeit, dass das Entwicklungsteam sein Sprint-Ziel erreicht. Das Entwicklungsteam trifft sich häufig unmittelbar nach dem Daily Scrum, um den Rest der Arbeit im Sprint neu zu planen. Das Entwicklungsteam sollte jeden Tag in der Lage sein, dem Product Owner und Scrum Master zu schildern, wie es bis zum Ende des Sprints als selbstorganisiertes Team zusammenarbeiten möchte, um das Ziel zu erreichen und das erwartete Inkrement fertigzustellen.

Der Scrum Master stellt sicher, dass das Entwicklungsteam dieses Meeting abhält, aber das Entwicklungsteam ist selbst für die Durchführung des Daily Scrum verantwortlich. Der Scrum Master vermittelt dem Entwicklungsteam, wie es das Daily Scrum innerhalb des 15-minütigen Zeitfensters abhalten kann.

Der Scrum Master setzt auch die Einhaltung der Regel durch, dass nur Mitglieder des Entwicklungsteams am Daily Scrum teilnehmen. Das Daily Scrum ist kein Statusmeeting, sondern für die Mitarbeiter gedacht, die die Product-Backlog-Einträge in ein Inkrement umsetzen.

Daily Scrums verbessern die Kommunikation, machen andere Meetings überflüssig, identifizieren sowie beseitigen Hindernisse für die Entwicklung, fokussieren und fördern schnelle Entscheidungsprozesse und verbessern das Projektwissen im Entwicklungsteam. Dadurch sind sie ein Schlüsselmeeting für die Überprüfung und Anpassung.

Sprint-Review

Ein Sprint-Review wird am Ende des Sprints abgehalten, um das Inkrement zu untersuchen und das Product Backlog, wenn nötig, anzupassen. Im Sprint-Review ermitteln das Scrum-Team und die Stakeholder gemeinsam, was in dem Sprint fertiggestellt wurde. Auf der Basis dessen – und möglicher Änderungen am Product Backlog während des Sprints – erarbeiten die Teilnehmer die nächsten Aufgaben, die angegangen werden könnten. Es handelt sich hierbei um ein informelles Meeting; die Präsentation des Inkrements ist dazu gedacht, Feedback hervorzubringen und die Zusammenarbeit zu fördern.

Das Sprint-Review-Meeting ist auf ein Zeitfenster von vier Stunden für einmonatige Sprints begrenzt. Für kürzere Sprints wird entsprechend weniger Zeit eingeplant. So haben zum Beispiel zweiwöchige Sprints zweistündige Sprint-Reviews.

Das Sprint-Review beinhaltet die folgenden Elemente:

- Der Product Owner ermittelt, was »done« (fertig) ist und was nicht.
- Das Entwicklungsteam diskutiert, was im Sprint gut lief, mit welchen Problemen es konfrontiert wurde und wie es diese Probleme gelöst hat.
- Das Entwicklungsteam demonstriert die Arbeit, die es fertiggestellt hat, und beantwortet Fragen zum Inkrement.
- Der Product Owner erläutert den aktuellen Stand des Product Backlog. Er oder sie berechnet wahrscheinliche Fertigstellungsdaten auf der Basis des momentanen Fortschritts.
- Die gesamte Gruppe erarbeitet gemeinsam, was als Nächstes angegangen werden sollte, damit das Sprint-Review wertvollen Input für zukünftige Sprint-Planungen liefert.

Das Ergebnis des Sprint-Reviews ist ein überarbeitetes Product Backlog, das die wahrscheinlichen Product-Backlog-Elemente für den nächsten Sprint definiert. Das Product Backlog kann auch insgesamt angepasst werden, um neue Möglichkeiten wahrnehmen zu können.

Sprint-Retrospektive

Die Sprint-Retrospektive ist eine Gelegenheit für das Scrum-Team, sich selbst zu untersuchen und einen Plan für Verbesserungen aufzustellen, die im folgenden Sprint umgesetzt werden sollen.

Die Sprint-Retrospektive findet nach dem Sprint-Review und vor dem nächsten Sprint-Planungsmeeting statt. Sie ist auf ein Zeitfenster von drei Stunden bei einmonatigen Sprints festgelegt. Proportional weniger Zeit wird für kürzere Sprints aufgewendet.

Das Ziel einer Sprint-Retrospektive ist:

- Zu untersuchen, wie der letzte Sprint in Bezug auf die Mitarbeiter, Beziehungen, Prozesse und Werkzeuge verlaufen ist.
- Zu Identifizieren und zu ordnen, was gut lief und was möglicherweise verbessert werden könnte.
- Einen Umsetzungsplan für die Verbesserungen der Arbeitsweise des Scrum-Teams anzufertigen.

Der Scrum Master ermutigt das Scrum-Team, innerhalb des Scrum-Prozessframeworks seinen Entwicklungsprozess und seine Praktiken zu verbessern, um beide effektiver und befriedigender (Anm. d. Ü.: Hier ist durchaus auch »Spaß an der Arbeit« gemeint) für den nächsten Sprint zu gestalten. In jeder Sprint-Retrospektive plant das Team Wege, die Produktqualität zu erhöhen, indem es die »Definition of Done« angemessen anpasst.

Zum Abschluss der Sprint-Retrospektive sollte das Scrum-Team Verbesserungen identifiziert haben, die es im nächsten Sprint umsetzen wird. Die Implementierung dieser Verbesserungen im nächsten Sprint ist die Anpassung als Folge der Selbstüberprüfung des Entwicklungsteams. Obwohl Verbesserungen zu jedem Zeitpunkt eingebracht werden können, bietet die Sprint-Retrospektive ein dediziertes, formales, auf die Überprüfung und Anpassung fokussiertes Ereignis.

Scrum-Artefakte

Die Artefakte von Scrum stellen Arbeit oder Wert auf verschiedene nützliche Weisen dar, die Transparenz und Gelegenheit zur Überprüfung und Anpassung schaffen. Die in Scrum definierten Artefakte sind speziell dafür entwickelt worden, die Transparenz über Schlüsselinformationen zu maximieren, die sicherstellen, dass Scrum-Teams erfolgreich ein als »done« (fertig) gekennzeichnetes Inkrement liefern können.

Product Backlog

Das Product Backlog ist eine geordnete Liste mit allem, was in dem Produkt benötigt werden könnte. Es ist die einzige Quelle von Anforderungen für jedwede Änderungen an dem Produkt. Der Product Owner ist für das Product Backlog verantwortlich, inklusive dessen Inhalte, Bereitstellung und Reihenfolge.

Ein Product Backlog ist niemals vollständig. Seine früheste Entwicklung skizziert nur die initial bekannten und am besten verstandenen Anforderungen. Das

Product Backlog entwickelt sich weiter, genauso wie das Produkt und die Umgebung, in der es eingesetzt wird, sich weiterentwickeln. Das Product Backlog ist dynamisch; es ändert sich permanent, um die Anforderungen an das Produkt in Bezug auf seine Angemessenheit, Wettbewerbsfähigkeit und Nützlichkeit zu identifizieren. Solange ein Produkt existiert, existiert auch sein Product Backlog.

Das Product Backlog führt alle Features, Funktionen, Anforderungen, Verbesserungen und Fehlerbehebungen auf, die die Änderungen an dem Produkt in zukünftigen Auslieferungen ausmachen. Product-Backlog-Einträge verfügen über die Attribute Beschreibung, Rangfolge und Schätzung.

Das Product Backlog wird häufig nach Wert, Risiko, Priorität und Notwendigkeit angeordnet. Die Product Backlog Einträge an der Spitze bestimmen die unmittelbaren Entwicklungsaktivitäten. Je höher in der Rangfolge, desto mehr Betrachtung hat ein Product Backlog Eintrag erfahren – und desto größer ist der Konsens über seine Inhalte und seinen Wert.

Höherrangige Product-Backlog-Einträge sind klarer und detaillierter formuliert als niedriger angeordnete. Präzisere Schätzungen erfolgen auf der Basis der größeren Klarheit und Detailtiefe; je niedriger der Rang, desto weniger Detail. Product-Backlog-Einträge, mit denen sich das Team im kommenden Sprint beschäftigen wird, sind fein granuliert und derart heruntergebrochen, dass jeder Eintrag innerhalb des Sprints fertiggestellt werden kann. Product-Backlog-Einträge, die von dem Entwicklungsteam innerhalb eines Sprints fertiggestellt werden können, werden als »bereit« (»ready«) oder »einsetzbar« für die Auswahl in einem Sprint -Planungsmeeting angesehen.

Im Laufe des Einsatzes des Produkts, seiner Wertschöpfung und durch die Rückmeldungen des Marktes wird aus dem Product Backlog eine größere und umfangreichere Liste. Anforderungen hören nie auf sich zu ändern, was das Product Backlog zu einem lebenden Artefakt macht. Änderungen in den Geschäftsanforderungen, den Marktbedingungen oder der Technologie können Änderungen im Product Backlog bedingen.

Häufig arbeiten mehrere Scrum-Teams zusammen am gleichen Produkt. Ein einziges Product Backlog wird zur Beschreibung der anstehenden Arbeit an dem Produkt verwendet. Dazu wird ein Attribut zur Gruppierung der Product-Backlog-Einträge eingeführt.

Die Pflege (»grooming«) des Product Backlog ist die Tätigkeit der Detaillierung, Schätzung und Umordnung der Einträge im Product Backlog. Es handelt sich dabei um einen fortlaufenden Prozess, in dem der Product Owner und das Entwicklungsteam gemeinsam an den Details der Product-Backlog-Einträge arbeiten. Während der Pflege werden Einträge überprüft und überarbeitet. Darüber hinaus können sie jedoch grundsätzlich zu jedem Zeitpunkt durch den Product Owner oder mit seinem Einverständnis aktualisiert werden.

Die Pflege ist eine von Product Owner und Entwicklungsteam während eines Sprints durchgeführte Teilzeitaktivität. Häufig besitzt das Entwicklungsteam das Fachwissen, um diese Überarbeitung selbst durchzuführen. Wie und wann diese Überarbeitung stattfindet, wird im Scrum-Team entschieden. Die Pflege erfordert im Regelfall nicht mehr als 10 % der Kapazität des Entwicklungsteams.

Das Entwicklungsteam ist für alle Schätzungen verantwortlich. Der Product Owner kann Einfluss auf das Entwicklungsteam nehmen, indem er für ein besseres Verständnis sorgt oder Kompromisse akzeptiert – aber die Mitarbeiter, die die Arbeit erledigen, haben das letzte Wort bei der Schätzung.

Fortschritt in Richtung eines Ziels überwachen

Zu jedem Zeitpunkt kann die gesamte zur Zielerreichung verbleibende Arbeit aufsummiert werden. Der Product Owner verfolgt diese gesamte restliche Arbeit zumindest zu jedem Sprint-Review. Der Product Owner vergleicht diesen Betrag mit der restlichen Arbeit bei früheren Sprint-Reviews, um den Fortschritt der Fertigstellung der geplanten Arbeit in Bezug auf den gewünschten Fertigstellungszeitpunkt des Ziels zu beurteilen. Diese Information wird allen Stakeholdern transparent gemacht.

Verschiedene Trend-Burndown-, Burnup- und andere projektive Praktiken wurden benutzt, um den Fortschritt vorherzusagen. Diese haben sich als nützlich erwiesen, sie ersetzen jedoch nicht die Wichtigkeit des Empirismus. In komplexen Umgebungen ist unbekannt, was geschehen wird. Nur was bereits geschehen ist, lässt sich für die zukunftsorientierte Entscheidungsfindung nutzen.

Sprint Backlog

Das Sprint Backlog ist die Menge der für den Sprint ausgewählten Product-Backlog-Einträge sowie der Plan für die Lieferung des Produktinkrements und die Erfüllung des Sprint-Ziels. Das Sprint Backlog ist eine Prognose des Entwicklungsteams darüber, welche Funktionalität im nächsten Inkrement enthalten sein wird und welche Arbeiten erforderlich sind, um diese Funktionalität zu liefern.

Das Sprint Backlog definiert die Arbeit, die das Entwicklungsteam durchführen wird, um Product-Backlog-Einträge in ein »fertiges« Inkrement zu überführen. Das Sprint Backlog macht all die Arbeit sichtbar, die das Entwicklungsteam für notwendig erachtet, um das Sprint-Ziel zu erreichen.

Das Sprint Backlog ist ein Plan mit ausreichender Detailtiefe, um Änderungen beim Fortschritt im Daily Scrum erkennen zu können. Das Entwicklungsteam passt das Sprint Backlog während des Sprints an; das Sprint Backlog geht auch aus den Arbeiten im Sprint hervor. Diese Emergenz erfolgt durch die Arbeit des

Entwicklungsteams nach dem Plan und seinem Erkenntnisgewinn über die erforderlichen Arbeiten zur Erreichung des Sprint-Ziels.

Wenn weitere Arbeiten notwendig sind, werden sie vom Entwicklungsteam zum Sprint Backlog hinzugefügt. Wenn eine Arbeit durchgeführt oder abgeschlossen ist, wird die Schätzung der verbleibenden Arbeit aktualisiert. Wenn sich Bestandteile des Plans als unnötig erweisen, werden sie entfernt. Nur das Entwicklungsteam kann sein Sprint Backlog während des Sprints ändern. Das Sprint Backlog ist ein deutlich sichtbares Echtzeitbild der Arbeit, die das Entwicklungsteam plant, in einem Sprint zu erreichen – und es gehört einzig und allein dem Entwicklungsteam.

Fortschritt im Sprint überwachen

Die gesamte verbleibende Arbeit an den Sprint-Backlog-Einträgen kann zu jedem Zeitpunkt im Sprint aufsummiert werden. Das Entwicklungsteam verfolgt seine gesamte Restarbeit mindestens zu jedem Daily Scrum. Das Entwicklungsteam überprüft diese Summen täglich und berechnet auf dieser Basis die Wahrscheinlichkeit der Erreichung des Sprint-Ziels. Durch die Nachverfolgung der verbleibenden Arbeit während des Sprints kann das Entwicklungsteam seinen Fortschritt steuern. Scrum betrachtet nicht die Zeit, die an Sprint-Backlog-Einträgen gearbeitet worden ist. Die verbleibende Arbeit und das Datum sind die einzigen Variablen von Interesse.

Inkrement

Das Inkrement ist die Summe aller im Sprint und in allen vorherigen Sprints fertiggestellten Product-Backlog-Einträge. Am Ende eines Sprints muss das neue Inkrement als »done« gekennzeichnet sein, was bedeutet, dass es in einsatzfähigem Zustand sein und der »Definition of Done« des Scrum-Teams entsprechen muss. Es muss einsatzfähig sein, unabhängig davon, ob der Product Owner entscheidet, es tatsächlich auszuliefern oder nicht.

Definition of »Done«

Soll ein Product-Backlog-Eintrag oder ein Inkrement als »done« (fertig) bezeichnet werden, müssen alle das gleiche Verständnis darüber haben, was »done« bedeutet. Obschon es hierbei signifikante Abweichungen zwischen verschiedenen Scrum-Teams gibt, müssen die Mitglieder zur Gewährleistung der Transparenz ein gemeinsames Verständnis haben, was es bedeutet, wenn eine Arbeit abgeschlossen ist. Dafür sorgt die »Definition of Done« für das Scrum-Team. Sie wird genutzt, um abzuschätzen, ob die Arbeit an dem Inkrement abgeschlossen ist.

Die gleiche Definition leitet das Entwicklungsteam bei der Einschätzung, wie viele Product-Backlog-Einträge es in einem Sprint-Planungsmeeting auswählen kann. Der Sinn jedes Sprints ist es, Inkremente potenziell einsatzfähiger Funktionalität zu liefern, die die aktuelle »Definition of Done« des Scrum-Teams erfüllen.

Entwicklungsteams liefern ein Inkrement an Produktfunktionalität pro Sprint. Dieses Inkrement ist einsetzbar, damit ein Product Owner sich dafür entscheiden kann, es sofort auszuliefern. Jedes Inkrement baut auf allen vorherigen Inkrementen auf; es ist gründlich getestet, um sicherzustellen, dass alle Inkremente zusammen funktionieren.

Mit zunehmendem Reifegrad eines Scrum-Teams erwartet man, dass seine »Definition of Done« ausgeweitet wird, um stringentere Kriterien für höhere Qualität aufzunehmen.

Fazit

Scrum ist kostenlos und wird in diesem Leitfaden angeboten. Die Rollen, Artefakte und Ereignisse von Scrum sind unantastbar. Obwohl es möglich ist, nur Teile von Scrum zu implementieren, ist das Ergebnis nicht Scrum. Scrum existiert nur in seiner Gesamtheit und funktioniert gut als Container für andere Techniken, Methoden und Praktiken.

Danksagungen

Menschen

Von den Tausenden Menschen, die zu Scrum beigetragen haben, sollten wir diejenigen besonders hervorheben, die für Scrum in seinen ersten zehn Jahren von besonderer Bedeutung waren. Am Anfang standen Jeff Sutherland in Zusammenarbeit mit Jeff McKenna sowie Ken Schwaber in Zusammenarbeit mit Mike Smith und Chris Martin. Viele weitere haben in den Jahren seitdem ihren Beitrag geleistet; und ohne ihre Hilfe wäre Scrum nicht so ausgefeilt, wie es das heute ist. David Starr trug mit grundlegenden Einsichten und redaktionellen Fähigkeiten zur Formulierung dieser Version des Scrum Guide bei.

Geschichte

Ken Schwaber und Jeff Sutherland präsentierten Scrum gemeinsam zum ersten Mal auf der OOPSLA-Konferenz 1995. Diese Präsentation dokumentierte im Kern die Erkenntnisse, die Ken und Jeff während der letzten paar Jahre bei der Anwendung von Scrum gesammelt hatten.

Die Geschichte von Scrum fängt schon früher an. Um die ersten Stellen zu würdigen, wo es ausprobiert und verfeinert wurde, erwähnen wir hier Individual, Inc., Fidelity Investments und IDS (heute GE Medical).

Übersetzung

Dieser Guide wurde von der englischen Originalversion, bereitgestellt von Ken Schwaber und Jeff Sutherland, übersetzt. Beigetragen zur Übersetzung haben:

Dominik Maximini, Andreas Schliep, Ulf Schneider, Wolfgang Wiedenroth

Revisionen

Dieser Scrum Guide vom Juli 2011 unterscheidet sich von seinem Vorgänger, dem Scrum Guide vom Februar 2010. Wir haben insbesondere versucht, Techniken oder Best Practices aus dem Kern von Scrum zu entfernen. Solche werden je nach den Umständen variieren. Wir werden später mit einem »Best Practices«-Kompendium beginnen, um einige unserer Erfahrungen anzubieten.

Dieser Scrum Guide dokumentiert Scrum, wie es seit mehr als zwanzig Jahren von Jeff Sutherland und Ken Schwaber entwickelt und fortgeführt wird. Andere Quellen bieten Ihnen Muster, Prozesse und Einsichten darüber, wie Praktiken, Kniffe (»facilitations«) und Werkzeuge das Scrum-Rahmenwerk ergänzen. Diese optimieren Produktivität, Wert, Kreativität und Stolz.

C Spielzüge, um Unternehmensagilität zu erreichen

Angewendet seit 2005

Inhalt

1.1   Einführung

Der globale Wettbewerb übt immer stärkeren Druck auf heutige Unternehmen aus. Sie erkennen Softwareentwicklung als wesentlichen Wettbewerbsvorteil. Software berührt heute so gut wie jeden Bereich der Geschäftswelt: Software für Produktionssteuerung, Software für den Kundenkontakt, Software zur Optimierung des Tagesgeschäfts etc.

Und trotzdem stellen viele Führungskräfte fest, dass ihre Techniken zur Softwareentwicklung sich seit den 1980er-Jahren kaum verändert haben. Es ist nach wie vor üblich, vorschreibende, planbasierte, wasserfallartige Methoden einzusetzen – obwohl es Belege dafür gibt, dass diese Ansätze nicht geeignet sind, echten Wert für das Unternehmen rechtzeitig zu generieren. Sie behindern die Reaktionsfähigkeit des Unternehmens bezogen auf sich schnell ändernde Kundenanforderungen und Marktbedingungen. Und die Situation wird immer anspruchsvoller.

Heutige IT-Organisationen müssen global verteilte Entwicklungsteams koordinieren und dabei verkrustete Softwaresysteme in flexible serviceorientierte Architekturen überführen. Offensichtlich brauchen wir einen neuen Ansatz zur Organisation der Entwicklung, um wettbewerbsfähig zu bleiben.

Um diese Herausforderungen zu adressieren, nutzen Unternehmen agile und adaptive Ansätze zur Softwareentwicklung, mit denen sie schneller bessere Software entwickeln können. Scrum ist eine dieser bewährten Methoden, die von vielen Softwareorganisationen eingeführt wurde. Dieser Artikel beschreibt, wie man als hochrangiger Manager oder Führungskraft Scrum auf Unternehmensebene einführen kann – inklusive der Skalierung von Scrum für große Systeme und Teams aus Teams. Es werden die Herausforderungen und Chancen der Scrum-Einführung beschrieben sowie die Spielzüge dafür.

> Verteilte Unternehmen sowie die Migration hin zu serviceorientierten Architekturen erfordern einen neuen Ansatz für die Softwareentwicklung.

Dieser Anhang enthält Spielzüge für die Einführung von Scrum ins Unternehmen. Es sind Spielzüge und keine Anleitung, weil jedes Unternehmen einzigartig ist. Scrum in dem einen Unternehmen unterscheidet sich von Scrum in einem anderen Unternehmen. Die Unternehmen unterscheiden sich hinsichtlich

- der auftretenden Hindernisse,
- der Dinge, die geändert werden müssen,
- der Schwierigkeiten, die bei den Veränderungen auftreten,
- der Menschen, die die Veränderungen bewirken,
- der Zeitpläne für die Veränderungen,

▪ der Prioritäten bei der Umstellung,

▪ und der Aufwände für die Umstellung.

1.2   Überblick über Scrum und agile Softwareentwicklung

Oberflächlich betrachtet ist Scrum ein sehr einfacher Prozess: eine Management-technik zur Softwareentwicklung, die eine relativ kleine Menge an Regeln und Praktiken umfasst, die sich gegenseitig beeinflussen. Scrum ist nicht unnötig vor-schreibend, kann schnell erlernt werden und sehr schnell Produktivitätsverbesse-rungen erzeugen.

Scrum fokussiert die ganze Organisation darauf, erfolgreiche Produkte zu entwickeln. Es liefert regelmäßig nützliche Features und sorgt dafür, dass sich Anforderungen, Architektur und Entwurf herausbilden – selbst dann, wenn instabile Technologien verwendet werden. Man kann Scrum zu Beginn eines Pro-jekts einführen oder mittendrin und Scrum hat viele Projekte gerettet, die in Schwierigkeiten steckten.

Scrum funktioniert, weil es die Umgebung für Softwareentwicklung opti-miert, unnötigen Overhead beseitigt und Marktanforderungen mit der frühen Lieferung von Features synchronisiert. Basierend auf modernen Theorien zur Prozesskontrolle erzeugt Scrum die bestmögliche Software bezogen auf die ver-fügbaren Ressourcen, Qualitätskriterien und notwendigen Deadlines.

Im Kern ist Scrum ein iterativ-inkrementeller Entwicklungsprozess für Pro-dukte, mit dem jede Arbeit organisiert werden kann, die eine potenziell ausliefer-bare Menge an Funktionalität am Ende einer Iteration erzeugt. Die Scrum-Eigen-schaften sind:

▪ Scrum ist ein Werkzeug, mit dessen Hilfe Agilität erreicht werden kann.

▪ Scrum ist ein agiler Prozess, mit dem Entwicklungsarbeit organisiert und unter Kontrolle gehalten werden kann.

▪ Scrum ist ein Rahmen für existierende Entwicklungspraktiken.

▪ Scrum ist ein teambasierter Ansatz, um Systeme mit sich verändernden Anfor-derungen zu entwickeln.

▪ Scrum bändigt das Chaos aus Interessen und Bedürfnissen, die in Konflikt stehen.

▪ Scrum verbessert die Kommunikation und maximiert die Kooperation.

▪ Scrum deckt alles auf, was bei der Entwicklung und Lieferung von Produkten im Weg steht, und hilft bei der Beseitigung dieser Hindernisse.

▪ Scrum kann Produktivität maximieren.

- Scrum kann für einzelne Projekte verwendet werden bis hin zu ganzen Unternehmen. Scrum wurde eingesetzt, um viele voneinander abhängige Produkte zu entwickeln sowie in Projekten mit mehr als 1.000 Teammitgliedern.
- Scrum kann die Arbeitszufriedenheit erhöhen, weil es die beteiligten Personen näher ans Produkt bringt. Dadurch erkennt jeder seinen Beitrag zum Produkt und weiß, dass er das Bestmögliche für das Produkt getan hat.

Die Details der Scrum-Praktiken würden den Rahmen dieses Artikels sprengen. (Sie können in [Schwaber 2004] und [Beedle & Schwaber 2002] nachgelesen werden.) In aller Kürze werden Anforderungen an das Produkt in Scrum im *Product Backlog* gesammelt und priorisiert (siehe Abb. C–1). Der *Product Owner* ist für das Product Backlog verantwortlich. Er entscheidet, was ins Product Backlog aufgenommen wird und wie die Einträge im Product Backlog priorisiert werden. Die Umsetzung erfolgt in Iterationen, die 30 Tage oder weniger dauern und *Sprints* genannt werden. Jeder Sprint fokussiert auf die höchstpriorisierten Einträge des Product Backlog. Jeder Sprint hat das Ziel, ein potenziell auslieferbares Produktinkrement zu liefern. Im Sprint tauscht sich das Team im *Daily Scrum* über den Fortschritt und ggf. aufgetretene Hindernisse aus. Auf dieser Basis passt das Team wenn nötig seinen Plan für den Sprint an. So kann der *Scrum Master* den Fortschritt bezogen auf das Sprint-Ziel bewerten und Änderungen am Plan für den Sprint vorschlagen. Der Gesamtprozess ist in Abbildung C–1 dargestellt.

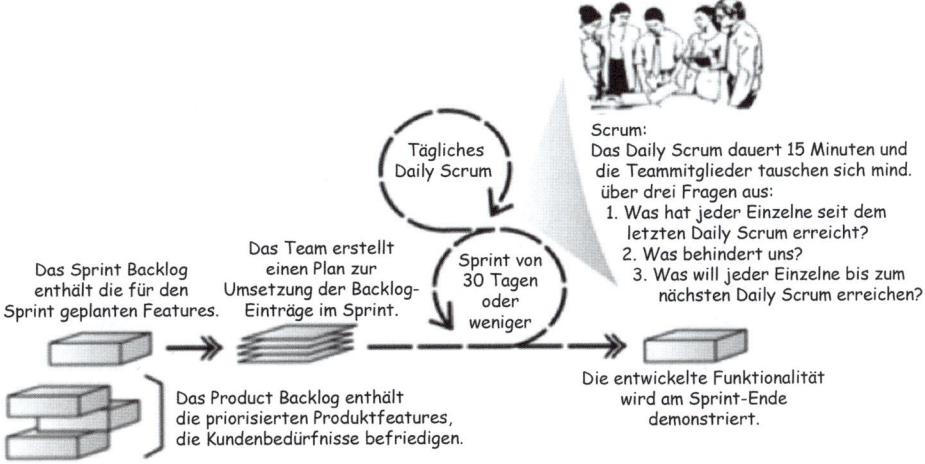

Abb. C–1 *Ein empirisches Prozessmodell für Scrum*

1.2.1   Scrum-Prinzipien

Wichtiger als die beschriebene Scrum-Mechanik sind die Scrum-Prinzipien. Jede Führungskraft, die Scrum einführen möchte, sollte diese Prinzipien verstanden haben:

▪ Scrum geht davon aus, dass effektive Softwareentwicklung am besten mit einem *empirischen* und nicht mit einem *plangetriebenen* Prozess erreicht werden kann.

▪ Scrum geht davon aus, dass nach Beseitigung der organisatorischen Hindernisse ein selbstorganisiertes Team bessere Ergebnisse liefert als ein fremdbestimmtes Team.

▪ Scrum geht davon aus, dass man in einem vorgeschriebenen Zeitrahmen und mit einem gesetzten Budget wertvolle Software entwickeln kann, dass man aber *nicht* exakt vorhersagen kann, welche Funktionalität geliefert wird.

Scrum behauptet, dass diese elementaren Prinzipien das Unternehmen von Beschränkungen befreien, die effektive Softwareentwicklung verhindern. Allerdings müssen hochrangige Führungskräfte verstehen, dass diese Prinzipien potenziell große *Veränderungen* des Unternehmens mit sich bringen. Da diese Prinzipien für Scrum so immens wichtig sind, diskutieren wir sie in der Folge detaillierter.

1.2.1.1   Den empirischen statt des plangetriebenen Prozesses verwenden

Scrum geht davon aus, dass die meisten Softwareentwicklungsprojekte heute der falschen Grundannahme folgen, dass die Entwicklung durch mehr und bessere Planung vorhersagbarer wird und die Ergebnisse besser werden. Scrum erkennt an, dass Softwareentwicklung ein unvorhersagbarer und sehr komplizierter Prozess ist (denken Sie an Hunderttausende manuell erzeugte Zeilen Code) und der geschaffene Wert nur empirisch gemessen werden kann. Schließlich wird das System nicht von irgendeinem beliebigen Team an einem beliebigen Ort entwickelt. Es wird von Ihrem Team in ihrem spezifischen Kontext entwickelt. Daher ist ein kochbuchartiger Planungsansatz nicht geeignet, um mit der inhärenten Unvorhersagbarkeit umzugehen.

Scrum definiert den Entwicklungsprozess als eine lose Sammlung von Aktivitäten, die bewährte funktionierende Werkzeuge und Techniken mit einem bevollmächtigten Team kombinieren, das eng an den Kunden/Product Owner gekoppelt ist. Weil viele der Aktivitäten locker gehandhabt werden, werden Kontrollinstrumente verwendet – z.B. die Demonstration und Überprüfung von Produktinkrementen –, um Risiken zu managen und jederzeit empirische Fakten in Echtzeit über das Projekt zu erhalten.

Die Abwägung ist simpel:

Mit Scrum jeden Tag wissen, wo Sie stehen

– oder –

*Auf Basis eines ausgefeilten Plans glauben zu wissen, wo man steht, und
viel später feststellen, dass man damit total falsch lag*

1.2.1.2 Hindernisse beseitigen, sodass das Team seine Arbeit erledigen kann

Über die Jahre haben die Unternehmensprozesse und die Techniken zur Softwareentwicklung Fett angesetzt und Softwareentwicklung ist häufig ein sehr schwieriges Unterfangen geworden. Wenn Scrum eingeführt wird, werden diese »organisatorischen Hindernisse« sehr schnell sichtbar. Sie stehen dem Team im Weg, wenn es versucht, schnell iterativ-inkrementell Software zu entwickeln. Beim Versuch, diese Hindernisse zu beseitigen, kann sich zeigen, dass man ein größeres Veränderungsprojekt benötigt. Dieses muss von hochrangigen Führungskräften initiiert, gesteuert und kontrolliert werden (dazu später mehr).

In Scrum ist das Team *das Wichtigste*. Am Ende ist es das Team, das die Software entwirft, implementiert und liefert. Wenn wir die Hindernisse für das Team aus dem Weg räumen, optimieren wir den Geschäftswert, den das Team an die Anwender und Kunden liefert. Das Management macht seinen Job richtig, wenn es die Hindernisse beseitigt. Das Team macht seinen Job richtig, wenn es seine Sprint-Ziele erreicht.

Mit anderen Worten, das Team in Scrum ist sowohl dazu bevollmächtigt als auch verantwortlich, zu liefern. Das Team organisiert sich selbst, um das Sprint-Ziel zu erreichen. Für viele Organisationen stellt das die Welt auf den Kopf. Die hierarchische Art der Softwareentwicklung wird faktisch durch Scrum eliminiert. Jetzt definiert der Product Owner die Ziele und Prioritäten. Das Team findet heraus, wie die Ziele erreicht werden können, und niemand sagt ihnen, wie sie das anstellen sollen.

1.2.1.3 Bessere, aber weniger vorhersagbare Ergebnisse vs. falsche Sicherheit

Scrum beginnt mit der Annahme, dass Softwareentwicklung eine komplizierte Angelegenheit in einem dynamischen technischen Umfeld ist und niemand sicher vorhersagen kann, was das Team wann zu welchen Kosten liefern wird. Scrum akzeptiert, dass Teams Anforderungen schätzen können, diese Schätzung kommunizieren und einen kurzfristigen Plan aushandeln, der die verschiedenen Risiken berücksichtigt. Das Team passt sein Verhalten auf Basis empirischer Messungen an. Die Vereinbarung ist, dass das Team *die bestmögliche Software im gegebenen Kontext entwickelt*. Das Befolgen eines kochbuchartigen Plans würde die Software nicht besser machen, sondern lediglich das Team dabei behindern, mit der Komplexität der realen Welt umzugehen und flexibel auf die existierenden Unwägbarkeiten zu reagieren.

Historisch betrachtet erzeugt die Ignoranz der Scrum-Prinzipien eine Reihe organisatorischer Probleme:

- Das Management glaubt, es könne Kosten, Lieferzeitpunkt und Funktionsumfang vorhersagen und plant entsprechend.
- Entwickler und Projektmanager werden gezwungen, eine Lüge zu leben: Sie geben vor, sie könnten planen, vorhersagen und liefern. Sie entwickeln auf die eine Art und müssen vortäuschen, auf eine andere Art zu entwickeln. Dadurch arbeiten sie am Ende ohne funktionierende Kontrollinstrumente.
- Wenn das System ausgeliefert wird, ist es oft bereits irrelevant oder benötigt größere Änderungen. Ein Grundproblem ist, dass die hohen Iterationskosten die Bewertung der Nützlichkeit des Systems während der Entwicklung begrenzen. Erst wenn es bereits zu spät für Korrekturmaßnahmen ist, sehen wir, was entwickelt wurde.

Diese Realitäten anzuerkennen ist eine Herausforderung – welcher Manager möchte seinen Vorgesetzten schon gerne erzählen, dass er nicht genau weiß, *was* das Team zu einem definierten Zeitpunkt liefern wird? Aber der Vorteil dieses Ansatzes ist, dass er zu wirklich fähigen Organisationen führt: sie können schneller bessere Ergebnisse für die Anwender entwickeln und dadurch einen Wettbewerbsvorteil erlangen.

1.2.2   Scrum und agile Softwareentwicklung

Scrum wird seit Mitte der 1990er-Jahre verwendet und wurde weltweit in Tausenden von Projekten eingesetzt. Neben Scrum haben seitdem verschiedene andere iterative Ansätze Aufmerksamkeit auf sich gezogen. Wie Scrum enthält jeder dieser Ansätze neue und alte Ideen, aber alle legen einen Schwerpunkt auf folgende Punkte:

- Enge Kooperation zwischen dem Entwicklungsteam und Fachexperten
- Face-To-Face-Kommunikation (ist effektiver als geschriebene Dokumentation)
- Häufiges Liefern von nutzbarer Software mit echtem Geschäftswert
- Transparenz über Ziele, Fortschritt und Artefakte
- Eng zusammenarbeitende, selbstorganisierte Teams
- Reaktion des Teams auf veränderte Anforderungen mit entsprechend flexibler Codebasis

Im Jahre 2001 trafen sich verschiedene Autoren und Praktiker dieser Methoden (inklusive Scrum-Experten), um die Gemeinsamkeiten der Methoden zu verstehen.

Sie wählten den Begriff »agil«, um die Gemeinsamkeiten der Methoden zu charakterisieren, und erstellten das »Manifest für agile Softwareentwicklung«. Dessen wichtigste Eckpunkte sind vier Wertaussagen:

Wir erschließen bessere Wege, Software zu entwickeln, indem wir es selbst tun und anderen dabei helfen. Durch diese Tätigkeit schätzen wir:

- *Individuen und Interaktionen mehr als Prozesse und Werkzeuge*
- *Funktionierende Software mehr als umfassende Dokumentation*
- *Zusammenarbeit mit dem Kunden mehr als Vertragsverhandlung*
- *Reagieren auf Veränderung mehr als das Befolgen eines Plans*

Das heißt, obwohl wir die Werte auf der rechten Seite wichtig finden, schätzen wir die Werte auf der linken Seite höher ein.[1]

Das agile Manifest sprach sehr viele Menschen an und führte zum Start Tausender neuer agiler Projekte. Die Ergebnisse und Erfahrungen dieser Projekte flossen in verbesserte agile Praktiken ein. Wie bei jedem anspruchsvollen Vorhaben waren einige der agilen Projekte erfolgreich und andere nicht. Bei den erfolgreichen Projekten fiel auf, wie sehr die Business-Seite und die Entwickler von ihren Projekten begeistert waren. Sie stellten fest, dass Softwareentwicklung genau so sein sollte – und Kunden und Anwender stimmten ihnen zu. Erfolgreiche Projekte führten zu mehr Begeisterung und mehr Begeisterung führte zu mehr Projekten. Dieser Erfolgszyklus hält bis heute an.

1.3 Auf Scrum vorbereiten

Wenn hochrangige Führungskräfte die wirtschaftlichen und kulturellen Vorteile von Scrum und Agilität verstanden haben, wollen sie häufig den nächsten Schritt gehen und sehen, wie Scrum ihr Unternehmen verbessern kann.

Während der ersten fünfzehn Jahre wurde Scrum meist von unten betrieben (Bottom-up-Ansatz). Ein Projektteam experimentierte mit Scrum und war damit erfolgreich. Dann probierte ein anderes Team Scrum aus und so verbreitete sich Scrum im Unternehmen. In den letzten Jahren wird Scrum immer häufiger von oben eingeführt (Top-down-Ansatz), um die Reaktionsfähigkeit und Produktivität des ganzen Unternehmens zu verbessern.

Weil Scrum einen starken Fokus auf das Team hat, muss man bei Top-down-Einführungen sehr umsichtig vorgehen. Davon handelt dieser Abschnitt.

---

1. *http://agilemanifesto.org/iso/de*

1.3.1   Den Softwareprozess und das Unternehmen »scrummen«

Viele Unternehmen haben ineffizientes Arbeiten und Hindernisse jahrelang hingenommen. Scrum macht dies schnell sichtbar und fordert die Beseitigung der Hindernisse. Glücklicherweise übersteigt der Scrum-Nutzen den Aufwand für die Hindernisbeseitigung deutlich. Trotzdem sollte man den Aufwand nicht unterschätzen.

Um Scrum einzuführen, muss das Unternehmen an zwei Bereichen arbeiten. Zum einen müssen Entwickler darin ausgebildet werden, mit Scrum Software zu entwickeln. Zum anderen müssen die organisatorischen Hindernisse beseitigt werden, die den Scrum-Teams im Wege stehen. Nur so können die Teams optimal wertschöpfend arbeiten. Der erste Arbeitsbereich verbessert die Lieferung von Software. Im zweiten Arbeitsbereich werden Hindernisse für eine höhere Produktivität beseitigt, die im ersten Bereich sichtbar werden.

Beide Arbeitsbereiche sind schwierig und benötigen harte Arbeit, die über die reine Softwareentwicklung hinausgeht. Eine vollständige unternehmensweite Scrum-Implementierung kann bis zu fünf Jahre dauern. Unabhängig vom Commitment des Managements kann dieser Zeitraum nicht einfach so verkürzt werden, weil es um eine Unternehmensumstellung geht.

Die täglichen und monatlichen Zyklen zur Inspektion und Adaption machen alles sichtbar – den Code, den Prozess und die organisatorischen Hindernisse. Scrum-Projekte decken Hindernisse auf, die aufgenommen, analysiert, priorisiert und behandelt werden müssen.

Die Geschwindigkeit der Scrum-Einführung ist direkt abhängig von drei Aspekten:

- dem Umfang der benötigten Veränderungen im Unternehmen,
- der Dringlichkeit, mit der Softwareentwicklung und -lieferung verbessert werden müssen,
- der Effektivität der Führungsarbeit (Leadership) im Unternehmen.

1.3.2   Der CxO als Unternehmens-Scrum-Master für kontinuierliche Verbesserung

In Scrum ist der Scrum Master dafür verantwortlich, dass das Scrum-Team die Scrum-Werte und -Praktiken lebt. Der Scrum Master schützt das Team, indem er das Team davor bewahrt, sich mehr Arbeit aufzuhalsen, als es im Sprint erledigen kann. Der Scrum Master beseitigt kontinuierlich Hindernisse, die das Team daran hindern, Sprint-Ergebnisse zu liefern.

Der CxO ist der Scrum Master für Unternehmensveränderungen.

Auf der Ebene organisatorischer Hindernisse fällt der Scrum-Master-Job einer hochrangigen Führungskraft (CxO-Ebene[2]) zu. Er arbeitet außerhalb des Teams und hat die Aufgabe, organisatorische Hindernisse zu beseitigen, die den Erfolg des agilen Entwicklungsmodells behindern.

Dieser Unternehmens-Scrum-Master hat die Aufgabe, so auf die Organisation einzuwirken, dass Hindernisse verschwinden. Damit ist er im Wesentlichen ein *Change Agent* und hat eine Menge von Hindernissen in seinem Backlog. Der Sponsor der Scrum-Einführung fungiert als Product Owner für diese Hindernisse und definiert die Prioritäten für die Hindernisbeseitigung. Das Transitionsteam arbeitet an den Hindernissen aus dem Hindernis-Backlog. Zur Organisation seiner Arbeit verwendet es Scrum und das Ergebnis seiner Arbeit sind beseitigte Hindernisse. Das Backlog wird während des Pilotprojekts aufgebaut und existiert so lange, wie weitere notwendige Veränderungen identifiziert werden.

Der Unternehmens-Scrum-Master trifft sich regelmäßig mit allen Scrum Mastern, den Product Ownern und dem Sponsor der Scrum-Einführung, um das Transitions-Backlog weiterzuentwickeln. Es werden Teams gebildet, die die Veränderungen in Sprints bewirken. Im Sprint-Review wird die erreichte Veränderung sowie die Metrik begutachtet, mit der der Fortschritt der Veränderung gemessen wird. In diesem Sinne kümmert sich der Unternehmens-Scrum-Master um kontinuierliche Unternehmensverbesserungen mit dem Ziel, die Produktivität und Qualität der Softwareentwicklungsteams zu erhöhen.

1.3.3   Achtung: Veränderungen bedeuten harte Arbeit

Veränderungen bedeuten harte Arbeit und es gibt keine Möglichkeit, sich davor zu drücken. Manche Unternehmen, die Scrum einführen wollen, missdeuten die vor ihnen liegende harte Arbeit und suchen nach Schuldigen. Sie glauben, sie könnten die harte Arbeit umgehen, wenn der Schuldige einfach seinen »Saustall aufräumt«. Diese Art der Schuldzuweisung kann die Scrum-Einführung zum Scheitern bringen und damit auch die Fähigkeit des Unternehmens, effektiv Software zu entwickeln. Wenn etwas schmerzhaft ist oder wenn etwas schiefläuft, sollte dies als Teil der stattfindenden Veränderungen akzeptiert werden. Es ist eine Chance, zusammenzukommen und herauszufinden, wie das Problem gemeinsam gelöst werden kann.

Eine Scrum-Einführung kann nicht mit Checklisten, festen Prozeduren und Formularen geplant und durchgeführt werden. Scrum ist schlicht und ergreifend

2.   Anmerkung des Übersetzers: Mit CxO sind gemeint z.B. CEO (Chief Executive Officer, Geschäftsführer), CFO (Chief Financial Officer, Finanzvorstand), CTO (Chief Technology Officer, IT-Leiter).

ein simples Rahmenwerk, das all das aufdeckt, was der Softwareentwicklung im Wege steht. Diese Hindernisse zu beseitigen, ist der schwierige Teil bei der Scrum-Einführung. Und dieser Teil ist für jedes Unternehmen anders, weil jedes Unternehmen einzigartig ist.

Niemand mag Ärger und Schwierigkeiten. Einige der Hindernisse sind so tief im Denken und Handeln des Unternehmens verwurzelt, dass sie nur sehr schwer zu beseitigen sind. Diese Schwierigkeiten werden nicht verschwinden, auch dann nicht, wenn man sehr viel Zeit in die Planung der Scrum-Einführung steckt. Planung kann lediglich dabei helfen, dass allen bewusst wird, welche harte Arbeit vor ihnen liegt, um ein Weltklasseunternehmen zu werden. Scrum benötigt die aktive Mitarbeit des oberen Managements bei der Bewertung und Beseitigung von Hindernissen. Und daher muss jemand auf CxO-Ebene der *führende Change Agent* sein.

So pnimmt der CxO teil am Prozess der kontinuierlichen Unternehmensverbesserung mit dem Ziel, die Produktivität und Qualität der Softwareteams zu erhöhen. Das ist nicht einfach und die Führungsqualität des CxO ist ein kritischer Erfolgsfaktor, wie die folgende Notiz von Ken Schwaber an einen Geschäftsführer illustriert:

Von: Ken Schwaber
An: XXX XXXXX, CEO von XXXXXXX Corporation

»Auf der einen Seite bietet Scrum einige sehr attraktive Chancen – erhöhte Produktivität, eine bessere Arbeitsumgebung, bessere Wettbewerbsfähigkeit und ein hochwertiges Produkt. Auf der anderen Seite ist es schwer einzuführen. Die Menge an Veränderungen, die mit der Scrum-Einführung einhergeht, ist groß und schwierig.

Auch wenn die Veränderung schwierig für Entwickler und Kunden (Product Owner) ist, so haben sie doch sofortige positive Effekte durch verbesserte Arbeitszufriedenheit. Das hilft ihnen, mit dem Stress und dem Unbehagen umzugehen. Im Gegensatz dazu wird das mittlere Management unter Stress gesetzt, ohne dafür sofort »belohnt« zu werden. Sie werden aufgefordert, eine Unternehmensveränderung von traditionellen zu schlankeren Ansätzen hin zu unterstützen, ohne dass es eine Vision dafür gibt, was aus ihnen persönlich wird. »Was werde ich in Zukunft tun und wo passe ich in die neue Organisation?« Diese Frage ist besonders schwierig und bringt Gefahren mit sich, weil die neue Organisation vom mittleren Management geprägt wird. Das Potenzial für Konflikte und politische Spielchen ist groß.

Meine Erfahrung mit unternehmensweiten Scrum-Implementationen, die top-down durchgeführt wurden, hat mich davon überzeugt, dass Sie den Unterschied machen zwischen Scheitern und Erfolg. Ihre Fähigkeit, eine Vision der Zukunft zu erstellen und ans Management zu kommunizieren, Ihre Fähigkeit, die Manager geduldig durch die Veränderung zu führen, und Ihre Fähigkeit, dem Management seinen Wert zu bestätigen und es zu einem Team zu formen, wird ausschlaggebend dafür sein, ob Sie die Veränderung bewirken und die Vorteile daraus ziehen können oder nicht.«

1.4 Spielzüge für die Scrum-Einführung

Wenn Sie sich entschieden haben, Scrum in Ihr Unternehmen einzuführen, beginnt die Reise mit der Überzeugung, dass die Anstrengungen mit einem effektiveren Softwareprozess und einem reaktionsfähigeren und wettbewerbsfähigeren Unternehmen belohnt werden. Es wird außerdem in der Planung berücksichtigt, dass eine große Menge an Unternehmensänderungen vor den Beteiligten liegt.

Um die Umstellung erfolgreich durchzuführen, muss man verstehen, wie das Unternehmen funktioniert. Zu den notwendigen Schritten für die Veränderung gehören:

- Evangelisten und lokale Sponsoren finden,
- kleine erste Schritte unternehmen, um die Reaktion des Unternehmens auszutesten,
- über Erfolge und Fehlschläge reflektieren, um dann Schritt für Schritt weiterzukommen.

Der nächste Abschnitt beschreibt typische Beispiele, wie Scrum in Unternehmen eingeführt werden kann: Die »Spielzüge« zeigen Beispieltechniken, mit denen die notwendigen Veränderungen bewirkt werden können.

1.4.1 Spielzug 0: Überblick, Bewertung und Vorbereitung des Piloten

Das Ziel des ersten Spielzugs ist die Vorbereitung des »Spielfelds« für die kommenden Aktivitäten, indem a) die Bereitschaft des Unternehmens zur Agilität bewertet und b) das Product Backlog für die ersten Projekte aufgebaut wird. Die Details dieses Spielzugs sind:

(i) **Überblick und Bewertung**

Beschreibung: zweitägiger Workshop, bestehend aus

- Scrum-Bereitschaftstest – Das Management wird mit den typischen Veränderungen konfrontiert, die Scrum mit sich bringt. Auf dieser Basis entscheidet es, ob weitergemacht werden soll.
- Scrum-Präsentationen – Scrum-Konzepte werden im Unternehmen bekannt gemacht und das allgemeine Bewusstsein für das Thema geschaffen.
- Unternehmensbereitschaft bewerten und nächste Schritte definieren.
- Planen: potenzielle Pilotprojekte identifizieren, Ausbildungsmaßnahmen definieren und Pilotprojekte mit Mitarbeitern ausstatten.
- Abendessen mit dem Topmanagement, um die definierten nächsten Schritte zu diskutieren.

Dauer: 2 Tage
Unterstützung: extern

(ii)   **Pilotvorbereitung**

Das Unternehmen ist bereit, mit der Ausbildung und der strukturellen Unterstützung des Pilotprojekts fortzufahren. Zu den Aktivitäten dieser Phase gehören:

▪ *Scrum-Master-Schulung*

Beschreibung:	Scrum Master für die Durchführung der Pilotprojekte ausbilden.
Dauer:	2 Tage
Unterstützung:	extern

▪ *Product-Owner-Schulung*

Beschreibung:	Product Owner ausbilden, sodass sie den ROI mithilfe von Scrum maximieren können.
Dauer:	2 Tage
Unterstützung:	extern

▪ *Entwicklungsteamschulung*

Beschreibung:	Alle Teammitglieder ausbilden, sodass sie cross-funktional und selbstorganisiert »fertige« Produktinkremente unter Verwendung moderner Entwicklungspraktiken auf einem spezifischen Technologiestack liefern können.
Dauer:	5 Tage
Unterstützung:	extern

▪ *Metriken aufbauen*

Beschreibung:	Metriken definieren, die die Verwendung von Scrum im Unternehmen darstellen und den Wert beschreiben, den die Pilotprojekte liefern.
Dauer:	1 Woche
Unterstützung:	extern

▪ *Transitions-Backlog aufbauen*

Beschreibung:	Das Backlog aufbauen, in dem die Hindernisse aus den Pilotprojekten gesammelt und bewertet werden. Dieses Backlog ist die Basis für die nachfolgenden Veränderungen im Unternehmen.
Dauer:	1 Tag
Unterstützung:	extern

1.4.2   Spielzug 1: Pilotprojekt(e)

Das Ziel dieses Spielzugs besteht darin, Erfahrungen mit Scrum in einem oder mehreren echten Projekten zu sammeln und die positiven Effekte im Unternehmen zu zeigen. Ein oder mehrere Pilotprojekte werden durchgeführt. Scrum Master und Manager beobachten die Pilotprojekte sehr genau, um organisatorische Hindernisse zu identifizieren. Erkannte Hindernisse werden möglichst sofort beseitigt oder ins Transitions-Backlog übertragen, um sie später anzugehen.

(i)	**Pilotprojekte**	
	Dauer:	3–6 Monate
	Unterstützung:	externer/interner Scrum Master
	Beschreibung:	Es werden 3 bis 6 Iterationen in den Pilotprojekten durchlaufen. Pilotprojekte liefern Inkremente an Funktionalität und identifizieren Hindernisse bei der Softwareentwicklung. Erstellte Pläne werden vor dem Hintergrund des Gelernten bewertet und angepasst. Hindernisse werden bewertet und priorisiert.

(ii)	**Retrospektive**	
	Dauer:	2 Tage
	Unterstützung:	externer/interner Scrum Master
	Beschreibung:	Pilotprojekte, Metriken und Hindernisse werden begutachtet. Es wird analysiert, was gut funktionierte und was verbessert werden kann. Der ROI der Pilotprojekte wird bewertet. Die Auswirkungen auf den Rest des Unternehmens werden untersucht, inkl. der Beziehungen zu anderen Abteilungen und den Kunden.

(iii)	**Neuplanung**	
	Dauer:	1 Tag
	Unterstützung:	externer/interner Scrum Master
	Beschreibung:	Der Plan für die Scrum-Einführung wird angepasst und bleibt dabei grobgranular. Die Projekte und auch die konkreten Veränderungen an der Organisation werden über die spezifischen Backlogs im Detail gesteuert.

1.4.3   Spielzug 2: Ausbreitung im Unternehmen

Das Ziel dieses Spielzugs besteht darin, auf Basis erfolgreicher Pilotprojekte Scrum und seine Vorteile in einem nennenswerten Teil des Unternehmens auszubreiten. Zu diesem Zeitpunkt gibt es ein Verständnis darüber, welche nützlichen Praktiken in Scrum integriert sind, welche Hindernisse für die weitere Ausbreitung bestehen und wo weitere Ausbildung notwendig ist. Jetzt können die folgenden Ausbildungsmaßnahmen sinnvoll sein:

- *Scrum-Master-Schulung*:
  Bevor Scrum für zusätzliche und größere Projekte verwendet werden kann, müssen Sie die Anzahl der Scrum Master erhöhen. Es sollte im Unternehmen nach Kandidaten mit den passenden Fähigkeiten gesucht und diese geschult werden. Scrum Master, die die »Scrum of Scrums« (siehe unten) leiten, können jetzt in fortgeschrittenen Fähigkeiten wie Moderation und Metriken geschult werden.

- *Product-Owner-Schulung*:
  Kunden und Produktmanager lernen hier, wie man den Return on Investment mit Scrum optimiert und dabei passendes Risikomanagement betreibt. Sie lernen dies im Rahmen der Product-Owner-Rolle, die dafür verantwortlich ist, den Fortschritt bezogen auf Wertoptimierung zu steuern und zu kontrollieren und unangenehme Überraschungen zu vermeiden.

- *Entwicklerschulung*:
  Die Entwickler in den agilen Projekten müssen lernen, wie sie selbstorganisiert cross-funktional arbeiten und dabei vollständige Produktinkremente mit modernen Entwicklungspraktiken auf einem spezifischen Technologiestack liefern.

- *Schulung zu Scrum/Agilität*:
  Eine erfolgreiche Scrum-Einführung basiert auf einem gemeinsamen Vokabular der beteiligten Personen. Dieses kann durch 2- bis 4-stündige Einführungsschulungen hergestellt werden. Diese Schulungen werden für 30–50% der Mitarbeiter im Unternehmen durchgeführt.

Zusätzlich kann es sinnvoll sein, weitere Aktivitäten durchzuführen, um die Sichtbarkeit von und die Akzeptanz für Scrum im Unternehmen zu erhöhen:

- *Informationsradiatoren*:
  Gut sichtbare einfache Visualisierungen des Zustandes der Scrum-Projekte sind z. B. Whiteboards mit den Aufgaben der Teams (Taskboard), dem Product Backlog sowie Burndown-Charts auf verschiedenen Ebenen.

▦ *Literatur*:

Es kann eine Liste empfohlener Artikel und Bücher für alle Mitarbeiter im Unternehmen zusammengestellt werden, um Wissenserwerb zu fördern.

▦ *CxO-geführte Meetings*:

Der bzw. die Leiter der Veränderung sollten häufig und offen über das sprechen, was im Unternehmen passiert. Informelle Meetings, z.B. zum Kaffeetrinken oder Pizzaessen, haben eine positive Auswirkung auf die Veränderung.

▦ *Geschichten aus dem oder den Pilotprojekten*:

Die Ergebnisse aus den Pilotprojekten sollten für alle verfügbar sein. Dadurch finden notwendige Diskussionen auf allen Ebenen des Unternehmens statt.

1.4.4   Spielzug 3: Veränderung bewirken

Jetzt, da die Pilotprojekte durch agile Ansätze echten Wert für das Unternehmen geliefert haben, geht es in diesem Spielzug darum, größere Veränderungen zu bewirken und mehr und größere Projekte mit Scrum durchzuführen. Während der vorangegangenen Spielzüge hat das Unternehmen ausreichend explizites und implizites Wissen gesammelt, um die anstehenden Veränderungen mit großen Erfolgsaussichten in Angriff zu nehmen. Zu diesem Zeitpunkt sollten mindestens 25 % des Unternehmens in die Scrum-Einführung einbezogen werden.

Es sollten jetzt echte Veränderungen innerhalb und außerhalb der Entwicklungsteams stattfinden. In den Entwicklungsteams wird diese Arbeit am besten von den Teammitgliedern übernommen. Außerhalb der Entwicklungsteams wird die Hindernisbeseitigung vom Unternehmens-Scrum-Master geführt und die betroffenen Abteilungen setzen die notwendigen Änderungen selbst um.

(i)   Entwicklungsprojekte

Dauer:	für immer
Unterstützung:	intern
Beschreibung:	Entwicklungsprojekte werden durchgeführt und nach ihrem ROI bewertet.

(ii)   Veränderungsprojekte

Dauer:	Die Hauptarbeit findet in den ersten ein bis zwei Jahren statt; danach nach Bedarf.
Unterstützung:	intern
Beschreibung:	Veränderungsprojekte in verschiedenen Abteilungen beseitigen organisatorische Hindernisse.

(iii)   Bewerten und anpassen

      Dauer: für immer

      Unterstützung: externer/interner Scrum Master

      Beschreibung: Qualitative und quantitative Metriken werden bewertet. Zusätzlich notwendige Metriken werden ergänzt. Bei existierenden Metriken wird bewertet, wie sie verwendet werden, wenn Überraschungen aufgetreten sind.

1.4.5   Spielzug 4: Messen, bewerten und anpassen

Das Ziel dieses Spielzugs ist die Bewertung des Fortschritts im Unternehmen. Außerdem sollten weitere Metriken als Basis für die zukünftige Ausbreitung von Scrum im Unternehmen etabliert werden. Der CxO sollte sich bewusst darüber sein, dass die anstehende Metrikdiskussion sowohl kontrovers wie auch unterhaltsam sein kann. Viele bereits existierende klassische Metriken im Unternehmen (z. B. Metriken über den Fertigstellungsgrad von Dokumenten) sind mit Scrum nicht mehr relevant. Glücklicherweise sorgen agile Praktiken und Scrum für Verantwortlichkeit und Messbarkeit. Es lassen sich leicht Metriken ableiten, die qualitatives und quantitatives Feedback über Prozess und Projekt liefern.

Aber bevor wir in diese Diskussion tiefer einsteigen, müssen wir eine *wichtige Unterscheidung* zwischen traditionellen Entwicklungsprozessen und Scrum bzw. agil vornehmen:

> *Die primäre Metrik für agile Softwareentwicklung ist real existierende Software, die so weit demonstrierbar ist, dass ihre Nützlichkeit für den angestrebten Zweck beurteilt werden kann. In Scrum wird dieser Schlüsselindikator empirisch ermittelt, indem die Software **am Ende jedes Sprints** demonstriert wird.*

Diese Metrik für Softwarequalität und Produktivität ist die Essenz agiler Softwareentwicklung. Mit Scrum kann man sich also nicht weit von seinem Ziel entfernen, ohne es zu merken. Alle anderen Metriken sind diesem Hauptziel und dem fortwährenden Mantra: »*laufende Software häufiger liefern*« untergeordnet.

An diesem Punkt der Scrum-Einführung arbeitet ein relevanter Anteil des Unternehmens agil. Die Sprint-Ergebnisse der ersten Projekte sind die primäre Kenngröße für die Effektivität der neuen Arbeitsweise. Diese Daten sollten veröffentlicht und analysiert werden.

Jetzt ist die Zeit gekommen, weitere sekundäre Metriken zu definieren, die dem Unternehmen bei der Scrum-Einführung eine Richtung geben. Es gibt zwei Typen von Metriken, die verwendet werden können:

- **Prozessmetriken** sind primär qualitative Indikatoren über die Effektivität der Teams und des Unternehmens bei der Anwendung von Scrum. Dazu gehören die Effektivität des Teams beim Umgang mit dem Product Backlog, die Effektivität der Scrum-Elemente wie Daily Scrum, Sprint-Planung etc.
- **Projektmetriken** adressieren die Ergebnisse eines konkreten Scrum-Teams sowie den Service, die Komponente oder das System, für das es verantwortlich ist. In diesem Rahmen können klassische Metriken verwendet werden, wie z.B. Anzahl der Bugs, Testabdeckung mit automatisierten Units oder Testabdeckung mit automatisierten Regressionstests. Außerdem können Scrum-spezifische Metriken verwendet werden, wie die Anzahl der fertiggestellten und demonstrierbaren User Stories.

Hinweis zu Qualität und Scrum

Kunden üben häufig Druck auf Entwicklungspartner aus, Features schneller zu entwickeln, als es möglich ist. Einige Entwicklungspartner kommen dieser Forderung nach, indem sie die Produktqualität reduzieren, notwendige Refactorings unterlassen und beim Testen und anderen bewährten Entwicklungspraktiken sparen. Dieses Vorgehen ist in Scrum nicht akzeptabel, weil das entwickelte Produkt als langfristige Investition angesehen wird, die kontinuierlich und objektiv bewertet wird (im Gegensatz zu einem einmaligen Projekt). Entwicklungsorganisationen, die dem Kundendruck nachgeben, entwickeln tote Systeme, die nicht effektiv gewartet oder weiterentwickelt werden können. Auf sie kommen hohe Kosten zu, weil das System irgendwann zum Großteil neu geschrieben werden muss. Um dieses Problem zu vermeiden, dürfen in Scrum nur Topmanager entscheiden, die Qualität des Systems zu verringern.

1.4.6 Spielzug 5: Ausbreiten und gewinnen

Mit den Aktivitäten aus den ersten vier Spielzügen im Hintergrund und mit einem definierten Satz an Metriken zur Bewertung des weiteren Fortschritts ist jetzt die Zeit gekommen, Scrum im ganzen Unternehmen auszubreiten.

Die restlichen Teams im Unternehmen werden auf Scrum umgestellt in Schritten von vielleicht 25–30 % der Mitarbeiter. Existierende Praktiken werden weiter verfeinert und die Teams tauschen sich über nützliche Praktiken aus, um agile Praktiken im ganzen Unternehmen zu verbreiten. Erst jetzt können die strikten Scrum-Regeln angepasst werden, um die Bedürfnisse des Unternehmens besser zu adressieren. Kunden können eingeladen werden, um an der Scrum-Einführung mitzuwirken. Sie werden typischerweise zu einem Product Owner oder Scrum Master ausgebildet. Diese Phase dauert an, bis alle Teams Scrum verwenden und

Scrums Inspect&Adapt-Mechanismus die weitere Verbesserung des Prozesses und der eingesetzten Praktiken adressiert.

An diesem Punkt kann das Unternehmen die substanziellen Vorteile bzgl. Produktivität und Kultur ernten.

Bevor wir uns mit der Frage befassen, wie man Scrum für sehr große Projekte skalieren kann, müssen wir uns die verschiedenen Typen von Unternehmenshindernissen ansehen, die die effektive Anwendung der Scrum-Praktiken verhindern können.

1.5   Unternehmenshindernisse bei der Scrum-Einführung

Anwendungen, die in Unternehmen entwickelt werden, haben zum Ziel, die Fähigkeit des Unternehmens zu optimieren, seinen Geschäftsauftrag zu erfüllen. Trotzdem entwickeln sich Unternehmen im Laufe der Zeit mitunter so, dass es der Produktivität der Softwareteams, die für die Entwicklung und Wartung der Anwendungen verantwortlich sind, abträglich ist. Einige Unternehmen haben sich sogar so weit entwickelt, dass ihre Praktiken zur Softwareentwicklung größtenteils dysfunktional sind. Es gibt zwar immer wieder Anstrengungen, diese Praktiken zu verbessern, allerdings verhindern die existierenden Organisationsstrukturen, Verfahrensweisen und Regeln, dass sich etwas Substanzielles ändert. Dieser Abschnitt beschreibt die Quelle und Natur dieser Hindernisse, sodass Sie als Führungskraft besser vorbereitet sind auf die vor Ihnen liegende Arbeit.

1.5.1   Hindernisse mit Scrum aufdecken

Es gehört zur Natur von Scrum,

- dass es fordert, Qualitätssoftware schneller zu entwickeln,
- dass es fordert, mit Endanwendern zusammen zu arbeiten, um angemessene Systeme zu entwickeln,
- dass seine kontinuierliche Inspektion und Adaption Dysfunktionen und Blockaden sehr schnell sichtbar macht.

Diese Effekte werden noch stärker betont, wenn Scrum verwendet wird, um Scrum im Unternehmen zu implementieren und auszubreiten.

> Es ist unmöglich, alle notwendigen Arbeiten zur Unternehmensumgestaltung vorab zu definieren.

Man kann nicht alle Hindernisse, die auftreten werden, vorab identifizieren. Die Hindernisse sind so stark im Unternehmen verankert, dass wir uns an sie gewöhnt haben und sie gar nicht mehr wahrnehmen. Erst wenn wir mit Scrum beginnen, werden die Hindernisse sichtbar. Der Plan für die Scrum-Implementierung im Unternehmen entsteht daher schrittweise entlang der sichtbar werdenden Hindernisse und der *Bereitschaft des Unternehmens zur Veränderung*.

1.5.2 Hindernisse charakterisieren

Hindernisse werden in vier Bereichen auftreten:

- *Scrum-Prozess*:
  Welche Hindernisse treten auf, die dem Scrum-Prozess im Weg stehen?
- *Menschliche Faktoren*:
  Welche menschlichen Faktoren stehen bei der Entwicklung und Lieferung von Produkten im Weg und hindern daran, dass alle Beteiligten ihr Bestes geben?
- *Entwicklungspraktiken*:
  Welche Praktiken behindern bei der Optimierung des ROI oder der Erfüllung der Unternehmensmission aus Produktsicht? Was stört bei der optimalen Produktentwicklung und -lieferung?
- *Organisatorische Aspekte*:
  Welche systematischen organisatorischen Probleme – die außerhalb der Kontrolle der Teams liegen – halten die Teams davon ab, Software schneller an Anwender zu liefern?

Wir schlagen eigene Kategorien für Hindernisse im Transitions-Backlog vor, weil die Beseitigung der verschiedenen Hindernisarten spezifische Fähigkeiten erfordert. Außerdem sollten die Hindernisse nach Auswirkungen priorisiert werden und man sollte etwas Zeit darauf verwenden, herauszufinden, wer im Unternehmen welches Hindernis am besten beseitigen kann.

1.6 Scrum skalieren

Die Geschäftsvorteile durch Scrum und Agilität werden mit kleinen, zusammensitzenden und integrierten Teams geschaffen. Diese Teams bestehen idealerweise aus elf oder weniger Personen (inkl. Product Owner, Scrum Master und Entwicklungsteam) und jedes Team ist für ein spezifisches Produkt oder eine spezifische Anwendung verantwortlich. Das Team sollte sein Produkt ohne viel Hilfe von außen definieren, entwickeln, testen und liefern können.

Der Erfolg von Scrum wird dazu führen, dass Scrum auch in größeren Programmen und sehr großen Systemen verwendet wird, die viele, möglicherweise verteilte Teams erfordern. Scrum wird auch in solchen Kontexten erfolgreich eingesetzt und hat bewiesen, dass es auch mit mehreren Hundert Entwicklern funktioniert und damit auch für den Einsatz in großen Unternehmen geeignet ist. Allerdings sieht man sich dann einer Reihe von besonderen Herausforderungen gegenüber, die man adressieren muss:

1. Die Organisation skalieren: Scrum-Teams aus Teams
2. Werkzeuginfrastruktur für Unternehmensagilität
3. Koordination der Teams untereinander

Diese drei Herausforderungen werden in den nachfolgenden Abschnitten behandelt.

1.6.1   Die Organisation skalieren: Scrum-Teams aus Teams

Bei Scrum gilt »weniger ist mehr«. Entsprechend wenig Regeln existieren in Scrum. Dafür sind die wenigen existierenden Regeln festgelegt und sollten nicht ohne Weiteres angetastet werden. Eine grundlegende Regel besagt, dass ein Team aus elf oder weniger Mitgliedern besteht. Teams sollten räumlich in einem Arbeitsbereich zusammensitzen (co-located). Diese Regeln erlauben ein produktives Arbeiten, weil sie a) ständige direkte Kommunikation im Team unterstützen, b) das Entstehen von Teamgeist fördern und c) Team-Commitment auf Sprint-Ziele ermöglichen. Für Letzteres ist es besonders hilfreich, dass die Teammitglieder sich durch die gemeinsame Arbeit am selben Ort gut kennenlernen. Bestimmte Scrum-Mechanismen wie die Sprint-Planung und das Daily Scrum können schnell versagen, wenn das Team zu groß wird. Wenn man von den Regeln abweicht, sollte man sich also gut überlegen, ob der erhoffte Nutzen in einem sinnvollen Verhältnis zu den Kosten großer und/oder verteilter Teams steht.

Scrum-Skalierung für große Anwendungen (wie in Abb. C–2 dargestellt) behält die grundlegenden Scrum-Prinzipien bei. Skalierung auf 300 Mitarbeiter bedeutet also, dass man bei ca. 30 Scrum-Teams landet. Wie bereits erwähnt, muss das Team in sich abgeschlossen sein und die Fähigkeit besitzen, potenziell auslieferbare Funktionalität mit jedem Sprint zu liefern. Das bedeutet für die meisten Unternehmen, dass sie Teams so reorganisieren müssen, dass sie sich um Produktfeatures, Services, Komponenten oder Subsysteme gruppieren und nicht um Rollen oder Spezialisierungen (z. B. Entwicklerpool, Tester etc.). Dieses Problem tritt mit zunehmender Projektgröße immer stärker auf. Wir diskutieren es weiter unten im Detail.

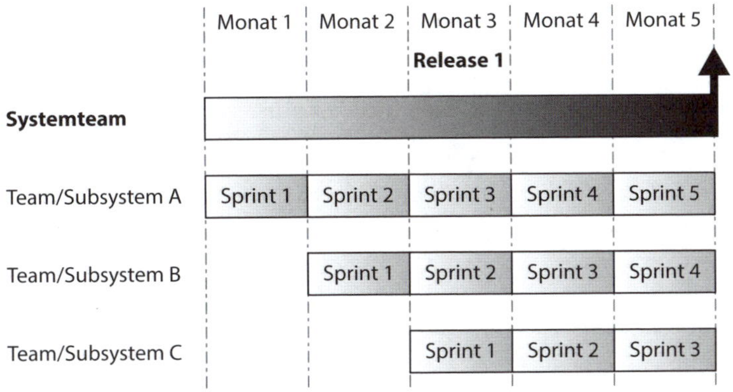

Abb. C–2   *Ein System, das von drei Teams in drei Sprints entwickelt wird.*

Organisation folgt Architektur

Wir können erst dann Scrum-Teams bilden, wenn wir verstanden haben, wie jedes einzelne Team relativ autonom Funktionalität für Endanwender liefern kann. Das erfordert, dass wir die Systemarchitektur in Komponenten oder Subsysteme gliedern, die konzeptionelle Integrität besitzen und für sich alleine Geschäftswert liefern können[3]. In Scrum kann man eine solche Architektur durch die Sprint-Staging-Phase erreichen. In dieser Phase werden die einzelnen Teams nacheinander gestartet. In den ersten Sprints entwickeln die Pionierteams Funktionalität für Endkunden und erstellen dabei gleichzeitig die Architektur, sodass später weitere Teams am System arbeiten können. Wenn ein neues Team gebildet wird, wird seine Rolle im Gesamtsystem klar und eine Organisation wie die in Abbildung C–2 bildet sich heraus.

1.6.2   Teams aus Teams koordinieren

Natürlich bringt eine große Menge an Teams große Herausforderungen bzgl. der Koordination und Kommunikation zwischen den Teams mit sich. Außerdem sollte man damit rechnen, dass eine Reihe von Problemen auf Ebene des Gesamtsystems auftreten, die mit denselben täglichen und monatlichen Überprüfungsmechanismen adressiert werden wie auf Teamebene. Erfahrungen mit Scrum-Skalierung haben dazu geführt, dass sich ein paar wenige nützliche Praktiken für

---

3. Das kann eine große Herausforderung bei der Implementierung von serviceorientierten Architekturen sein. Wahrscheinlich sind Unternehmen und Anwendungssysteme bisher strukturähnlich aufgebaut: in isolierten funktionalen Silos, für die die Abteilungsleiter verantwortlich sind und die wenig bis gar nicht kooperieren, um Geschäftswert für Kunden zu liefern.

die Koordination von Teams und die Durchführung von Sprint-Planung, Releaseplanung und Systemintegration und -test herausgebildet haben.

(i)   Tägliche Kommunikation: Scrum-of-Scrums

In derselben Art, wie Scrum tägliche Kommunikation im Daily Scrum fordert,
koordinieren große und verteilte Teams ihre Arbeit in einem täglichen Scrum-of-
Scrums-Meeting. In diesem Meeting beantworten Vertreter aus den einzelnen
Teams ähnliche Fragen, wie sie in den Team-Daily-Scrums beantwortet werden:

1. Was hat mein Team seit dem letzten Daily Scrum erledigt, um das Sprint-Ziel
   zu erreichen?
2. Was wird mein Team bis zum nächsten Daily Scrum erledigen?
3. Welche Hindernisse sind sichtbar geworden, die mein Team davon abhalten
   könnten, das Sprint-Commitment einzuhalten?

Dieses Meeting findet idealerweise direkt nach den Daily-Scrums der Teams statt.
Wenn Teams über verschiedene Standorte verteilt sind, findet das Scrum-of-
Scrums häufig per Telefon statt. Die Uhrzeit wird so festgelegt, dass möglichst
alle Teamvertreter teilnehmen können.

(ii)   Releaseplanung und -controlling auf Systemebene

Abbildung C–2 kann den Eindruck erwecken, dass es relativ einfach ist, Teams
nach Features, Subsystemen oder Komponenten zu organisieren, die Teams zu
befähigen, ihre Arbeit zu machen, sodass dann ein wundervoll integriertes
Gesamtsystem entsteht. Die Erfahrung lehrt uns, dass das unwahrscheinlich ist.
Selbst wenn die Teams fähig sind, die Sprint-Ziele zu erreichen, und die Integration zwischen den Teams koordiniert wird, bleiben große Herausforderungen.
Das System muss holistisch entwickelt werden, sodass das integrierte Gesamtsystem komplett getestet werden kann und als Ganzes die Kundenbedürfnisse befriedigt. Dazu muss das Gesamtsystem eine angemessene Qualität aufweisen und
ausreichend performant und verlässlich sein. Wir sehen die Arbeit eines Teams
erst dann als erledigt an, wenn die Ergebnisse mit den Ergebnissen der anderen
Teams erfolgreich integriert und getestet wurden (siehe Abb. C–3).

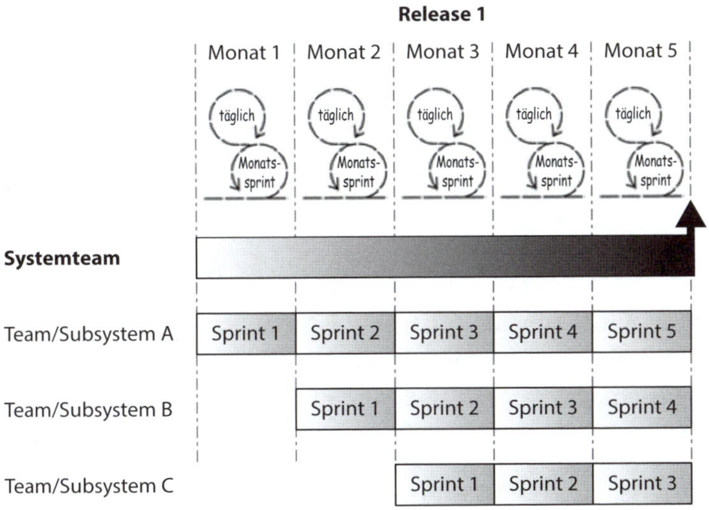

Abb. C–3   *System, das aus drei Subsystemen mit Sprints auf Systemebene besteht.*

Um mit dieser Herausforderung umzugehen, etablieren einige Teams die Rolle einer »technischen Leitung« für die Koordination auf der Systemebene. Architekten, Teamleiter, Produktmanager und Mitarbeiter der Qualitätssicherung werden häufig in ein zusätzliches Scrum-Team integriert, das auf der Systemebene arbeitet. Sie wenden Scrum auf Systemebene an und arbeiten mit Sprint-Zielen und Backlogs, die sich auf der Systemebene abspielen. Sie stellen sicher, dass das Gesamtsystem stets auf Kurs bleibt: Systemintegration, Demonstration des Gesamtsystems, Qualitätsprüfpunkte, Lieferung von Betaversionen und ggf. weitere Meilensteine. Wenn sie das tun, bildet sich die Struktur aus Abbildung C–3 heraus.

1.6.3   Infrastruktur für Unternehmensagilität

Auch wenn diese Strukturen und Koordinationsmechanismen etabliert sind, können große und verteilte Projekte Schwierigkeiten bei der Koordination innerhalb der Teams und zwischen Teams haben. Die Defizite bei der Sichtbarkeit und Koordination können die Entwicklung in kurzen Iterationen, die vollständig getestete Produktinkremente liefern, behindern. Scrum ist ein bewährtes Framework für das Management der Softwareentwicklung. Es schreibt aber keine spezifischen Entwicklungspraktiken oder Scrum-Tools vor. Die Scrum-Philosophie bei diesen Aspekten ist: »Bevorzuge einfache Lösungen und lasse das Team entscheiden.« Da Unternehmen häufig Schwierigkeiten mit modernen Entwicklungspraktiken haben, hat Scrum.org Schulungen für Scrum-Entwickler zu Werkzeugen für das Application Lifecycle Management entwickelt.

Tatsächlich kann man die wichtigsten Scrum-Artefakte (Features, Tasks, Projektfortschritt) für ein Scrum-Team mit weniger als zehn Mitgliedern an einem Standort mit einem einfachen Spreadsheet verwalten. Dieses kann vom Scrum Master entwickelt und gepflegt werden. Die Entwicklungsartefakte wie Anforderungen, Testfälle und Bugs können ähnlich leichtgewichtig auf Karteikarten oder Whiteboards geschrieben oder in einem Team-Wiki verwaltet werden.

Menschen und Kommunikation

Scrum für verteilte Teams und Teams aus Teams zu skalieren, bringt spezielle Kommunikationsherausforderungen mit sich. Die Koordination zwischen Teams steht dabei an erster Stelle. Spezifisch sind die folgenden Koordinationsaspekte zu adressieren:

- Implementierung von Features, an denen mehrere Teams partizipieren
- Feststellung des Entwicklungszustands dieser gemeinsamen Features
- Identifikation von Hindernissen

In diesen Fällen muss ein Mechanismus entwickelt werden, um die Arbeit zwischen den Teams häufig zu synchronisieren. Es muss außerdem eine detailliertere Produktarchitektur und technische Architektur erstellt werden, sodass die Arbeit klar zwischen Teams aufgeteilt werden kann (siehe auch [Schwaber 2004]).

> Scrum-Skalierung bringt spezielle Kommunikationsherausforderungen mit sich.

Klassische Projektmanagementwerkzeuge haben in der Vergangenheit vielleicht gute Dienste geleistet, um in langen Wasserfallprojekten Start- und Endedaten zu überwachen und Analysen des kritischen Pfades (engl. Critical Path) durchzuführen. Wenn wir mit kurzen Iterationen arbeiten und auf die Features mit der höchsten Priorität fokussieren, verlieren diese plangetriebenen Aktivitäten ihre Bedeutung. Jetzt pflegt nicht mehr eine Person, entkoppelt vom Team, eine Datenbank mit den Projektdaten. Stattdessen übernimmt in Scrum das Team die Planung und die Entwicklung. Größere Projekte aus mehreren Teams brauchen eine Echtzeitumgebung, sodass die Teammitglieder immer über den aktuellen Stand im Sprint informiert sind. Um ein zusammensitzendes Team zu simulieren, muss jeder den Entwicklungszustand eines Features schnell sehen und aktualisieren können. Außerdem muss jeder Zugriff auf den Restaufwand und evtl. vorhandene Hindernisse haben.

Neben neuen Wegen zur Planung und Durchführung der Iterationen erfordern auch die Scrum-Artefakte neue Arbeitsweisen. Um Anforderungen, ihre Akzeptanzkriterien und Bugs zu beherrschen, brauchen wir Unterstützung auf der horizontalen Ebene durch alle Lifecyle-Aktivitäten im Sprint – im Gegensatz zu den üblichen vertikalen Silos, die nur geringen Zusammenhang mit dem Team-Commitment im Sprint haben. Bei kurzen Iterationen geht es vor allem um die Zusammenhänge zwischen den Artefakten. Am Ende liefert jeder Sprint eine Menge laufenden, getesteten Code. Dafür müssen die Teams genau verstehen, wie die Entwicklungsartefakte zusammenhängen, und jederzeit erkennen können, wie der Zustand im Sprint ist.

Chancen für die Infrastruktur

Da das Team aus Softwareentwicklern besteht, werden diese normalerweise nach Möglichkeiten suchen, ihre Artefakte besser zu verwalten und einige Aspekte des Scrum-Prozesses zu automatisieren. Insbesondere werden die Teams wahrscheinlich den Wunsch haben, die folgenden Artefakte und Aktivitäten mit Software zu unterstützen:

- Backlog-Verwaltung:
  Wenn die Systemkomplexität wächst, wird das Team bessere Unterstützung wünschen, um Feature-Listen mit funktionalen und nicht funktionalen Anforderungen, Use Cases und User Stories mit Prioritäten, Schätzungen und Zustand zu verwalten. Wenn Scrum für größere Projekte eingesetzt wird, kann es sein, dass man Tausende von Features, Use Cases und User Stories verwalten muss und dann wird es notwendig, diese nach Systemen und Subsystemen ordnen zu können.

- Projektreporting:
  Scrum vermeidet klassische wasserfallartige Projektpläne. Dafür wird tägliches Projektmanagement in Scrum betrieben. Das Team braucht eine einfache Möglichkeit, Schätzungen, Status und Restaufwand aktualisieren zu können, damit Burndown-Charts automatisiert erstellt werden können und ständig verfügbar sind. Außerdem sollte die verwendete Infrastruktur eine Benachrichtigungsfunktion bieten, wenn sich der Zustand von Backlog-Einträgen ändert. Leitende Mitarbeiter müssen sich einen Überblick über alle Teams verschaffen können, um den Gesamtzustand des Projekts einschätzen zu können.

- Just-in-Time-Anforderungsdefinition:
  Kleine Scrum-Projekte sind häufig mit sehr informellen Anforderungsdefinitionen (z.B. direkte Diskussion zwischen Product Owner und Team) erfolgreich. Wenn die Komplexität und Kritikalität des Projekts wächst, werden häufig formalere Anforderungen mit einem Versionierungsmechanismus benötigt. So wird z.B. die Dokumentation von Schnittstellen wichtig, die von vielen Teams benutzt werden. Änderungen an diesen Schnittstellen können

einen signifikanten Einfluss auf das Projekt haben. Diese Anforderungen sollten »just in time« ausgearbeitet werden – also im oder direkt vor dem Sprint, in dem sie implementiert werden. Um diese Herausforderung zu meistern, wünschen sich Teams mitunter zentrale Unterstützung für inhaltsreichere Anforderungsbeschreibungen und automatische Benachrichtigung bei Änderung der Anforderungen.

■ **Frühes Testen:**

Weil jeder Sprint potenziell auslieferbaren Code in den primären Codebestand (Head, Trunk, Master) liefert, sollten Tests früh entwickelt und automatisiert werden. Werkzeuge, die Testfälle direkt aus Anforderungen oder User Stories generieren, beschleunigen die Entwicklung und liefern die Nachverfolgbarkeit, um die Akzeptanz von Features zu prüfen. Es ist zu beachten, dass die Verwaltung Hunderter oder Tausender Regressionstests, die sich ansammeln werden, ein wesentlicher Erfolgsfaktor für die Entwicklung ist.

■ **Releaseplanung:**

Die Philosophie von Scrum dreht sich um »die Kunst des Möglichen in näherer Zukunft« im Gegensatz zur schwarzen Kunst der vermeintlichen Vorhersage, was genau in 6–12 Monaten geliefert wird. Diese Philosophie bedeutet einen Paradigmenwechsel. Teams können sich 30 Tage lang konzentriert einer Aufgabe widmen und »Vollgas geben«, um funktionierende Software schneller zu entwickeln. Wenn aber die Teams wachsen, ist es häufig sinnvoll, zusätzliche Analysen durchzuführen, die sich auf mehr als den kommenden Sprint beziehen. So können Architekturen vermieden werden, die große Refactoring-Aufwände in späteren Sprints nach sich ziehen. Wir ermuntern zu Refactorings in agilen Projekten und sie lassen sich auch nicht vermeiden. Allerdings wird Refactoring weniger praktikabel, wenn die Systemgröße wächst und das System an viele Kunden ausgeliefert wurde. Daher ist eine Releaseplanung häufig sinnvoll, die den ungefähren Plan für die Feature-Entwicklung aufzeigt, sodass eine passende Architektur definiert werden kann. Entsprechend kann bei der Sprint-Planung wenige Sprints in die Zukunft gesehen werden. Das Team kann verschiedene Zukunftsszenarien durchspielen und auf dieser Basis zwischen aktuellen und zukünftigen Aufwendungen abwägen.

Außerdem werden die Teams typischerweise alle Artefakte und Dokumente an zentraler Stelle ablegen wollen, sodass alle Teammitglieder weltweit zu jeder Zeit darauf zugreifen können. Aktualisierungen sollten sofort wirksam und sichtbar werden und es sollte eine automatisierte Benachrichtigungsfunktion für kritische Projektänderungen geben.

(iii) Die Infrastruktur in Sprints weiterentwickeln

Die beschriebene Infrastruktur wird in Scrum nicht einmalig von einem Infrastrukturteam zur Verfügung gestellt und dann nicht mehr geändert. Stattdessen übernimmt das Scrum-Team selbst die Aufgabe, die notwendige Infrastruktur zu beschaffen und aufzubauen, sodass die Infrastruktur reale Probleme auf Basis von Lessons Learned aus den vorigen Sprints löst. Diese Investitionen erfolgen während der Sprints. Folgerichtig werden aus den Infrastrukturaufgaben Einträge im Product Backlog (siehe Abb. C–4). Natürlich bleibt der Fokus auf kundennützliche Funktionalität vorrangig, während kontinuierlich in die Infrastruktur investiert wird, um die Produktivität zu halten, wenn zusätzliche Teams entstehen.

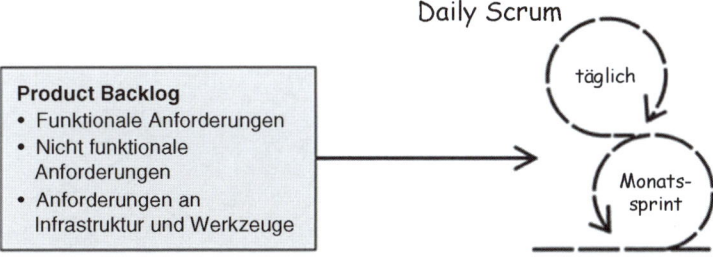

Abb. C–4   *Infrastruktur für Skalierung in Sprints einphasen*

1.7 Zusammenfassung

Scrum ist ein bewährtes und effektives Verfahren zur Softwareentwicklung, das schnell zu höherer Produktivität, kürzerer Time-to-Market und erhöhter Qualität führt.

Wer würde nicht von den Auswirkungen profitieren, die Scrum normalerweise mit sich bringt?

- Reduzierte Entwicklungsdauer
- Schneller mehr Wert für Kunden liefern
- Höhere Qualität
- Geringere Entwicklungsrisiken
- Größere Kundenzufriedenheit
- Höhere Mitarbeiterzufriedenheit im Unternehmen

Scrum sieht an der Oberfläche sehr einfach aus. Die Implementierung von Scrum erfordert in vielen Fällen aber eine substanzielle Reorganisation im Unternehmen, um Hindernisse zu beseitigen. Als führender Change Agent ist der CxO (oder eine andere hochrangige Führungskraft) vor allem dafür verantwortlich, diese Hindernisse aus dem Weg zu räumen. Das kontinuierliche und dauerhafte Commitment des CxO ist häufig der Unterschied zwischen erfolgreicher und gescheiterter Scrum-Implementation. Der CxO, der darauf vertraut, die Softwareentwicklung mit Scrum zu verbessern, unternimmt die ersten Schritte, um sicherzustellen, dass das Unternehmen einen Geschäftsnutzen aus Scrum zieht und schneller bessere Software liefert.

Scrum ist sehr effektiv in Großprojekten und kann für mehrere Hundert Entwickler im selben Projekt verwendet werden. Diese Scrum-Skalierung bringt neue Herausforderungen bzgl. Infrastruktur und Werkzeugen mit sich. Die Entwicklungsteams kümmern sich selbst um diese Herausforderungen. Diese zu meistern, bedeutet für das Unternehmen in der Regel einen großen Vorteil gegenüber seinen Mitbewerbern am Markt.

D Literatur

[**Albrecht 1979**] Albrecht, A. J.: *Measuring Application Development Productivity. Proceedings of the Joint SHARE, GUIDE, and IBM Application Development Symposium, Monterey, California, October 14–17*. Armonk, New York: IBM Corporation, 1979.

[**Beedle & Schwaber 2002**] Beedle, M., Schwaber, K.: *Agile Software Development with Scrum*. Prentice Hall, 2002.

[**Greenfield 2004**] Greenfield, J.: *The Case for Software-Factories*. Microsoft Corporation, MSDN Library, Redmond, Washington, Juli 2004.

[**Johnson 2011**] Johnson, J.: *Chaos Manifesto: The Laws of CHAOS and the CHAOS 100 Best PM Practices*. Boston: The Standish Group, 2011.

[**Kotter 1996**] Kotter, J. P.: *Leading Chance*. Boston: Harvard Business School Press, 1996.

[**Kotter 2006**] *Our Iceberg Is Melting: Changing and succeeding under any conditions*. New York St. Martin's Press, 2006.

[**Lencioni 2002**] Lencioni, P.: *The Five Dysfunctions of a Team*. San Francisco, Jossey-Bass, 2002.

[**Nonaka & Takeuchi 1995**] Nonaka, I., Takeuchi, H.: *The Knowledge-Creating Company: How Japanese Companies Create the Dynamics of Innovation*. London: Oxford University Press, 1995.

[**Schwaber 2004**] Schwaber, K.: *Agile Project Management with Scrum*. Microsoft Press, 2004.

[**Schwaber 2007**] Schwaber, K.: *The Enterprise and Scrum*. Redmond, Washington: Microsoft Press, 2007.

[**Stacey 2001**] Stacey, R.: *Complexity and Emergence in Organizations*. Routledge, 2001.

[**Takeuchi & Nonaka 1986**] Takeuchi, H., Nonaka, I.: *The New New Product Development Game*. Harvard Business Review, Jan-Feb 1986.

Index

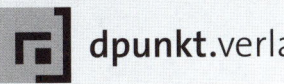